约会吧！
一起下厨房

[日]达　也
[日]筱　　　著
凌文桦　译

中国轻工业出版社

目录 CONTENTS

工作日的快手菜

PART 2 轻松高效的常备菜

5 分钟上桌的超快手小菜

周末丰盛的拿手菜

本书使用方法

· 1 大勺 ≈ 15 毫升　1 小勺 ≈ 5 毫升

· 火候如没有特别说明，一律为中火。

· 微波炉的加热时间以 600 瓦为基准，如果用 500 瓦加热，时间延长为 1.2 倍，如果用 700 瓦，时间缩短为 90%。

· 烤箱的加热时间以 1000 瓦为基准，如果功率不同，烤制时需要调整加热时间。

· 高汤可以使用购买的成品。日式高汤可以使用干贝素，西式高汤可以使用浓汤宝，中式高汤可以加入鸡精。

· 蒜末、姜末可以购买管装成品。3 厘米的量约为 1 瓣蒜或 1 片姜。

我先去超市喽！

今天吃什么？

　　"今天吃什么？"这恐怕是我们下班回家后最常挂在嘴边的一句话了。自从结婚后，我们每天下班后到吃饭前的节奏自然而然就变成了这样：下班后两个人在超市碰头，选择当晚所需的食材，回家后直接进厨房，开始准备晚餐。

　　我们俩是在和美食相关的工作场合相遇的，对于美食我们志同道合，而且觉得彼此的兴趣爱好相同，相处起来十分融洽。

　　"第一次约会时，他带来自己亲手做的便当。用盐曲做的鱼肉松实在是太美味了。我记得他还很注意便当的色彩搭配，当时我还拍了照呢。"筱笑着说。

吃肉还是
吃鱼呢？

　　"她的爱好是烹饪，还擅长搭配食材、设计菜品的配色，所以我给她做的便当成功地引起了她的注意。因美食而结缘，我们一直走到了今天。现在我们会为彼此制作美味的料理，'今天的新菜式来喽！'这就是我们的日常，每次都带给彼此新鲜感。"达也说。

　　结婚后，平时我们是公司职员，业余时间经常以料理达人的身份参加活动。

　　我们的理念是：让日常生活变得更愉快、更美味、更时尚，通过美食让平淡的日子变得更有滋有味。所以我们设计了各种各样的料理制作方式，让更多人品尝到美味的饭菜。

给我看看购物清单。

再忙也想好好吃饭

我们的目的是让平时忙碌的人也能好好吃上一顿美餐，希望书中所写的料理能够帮助到大家。

我们家一般不会提前做好料理储存，因为我们时不时就会突发奇想，变换想要吃的菜品。大家一定也和我们一样吧，时常在想"今天吃点儿什么呢?"

"什么时候吃?"

"和谁一起吃?"

"今天心情如何?"

按照自己的心意，做出真正想吃的料理。

两个人的料理

　　若是回家较晚，考虑到用餐时间，晚餐最好以蔬菜为主。我们俩都要全职上班，闲暇时间很有限，正因为做饭特别费时，所以才会设计出既简单又方便制作的菜品。若是这些料理也能受到大家的喜欢，那就更完美了。

　　周末菜单中的一些料理可能会花费点儿时间，但制作并不困难，你一定要尝试一下。

　　"一定会有让你食欲大增的美味佳肴！"

　　"请不要勉强自己哦！"

欢迎回家

　　"我俩一起做饭后,刚开始我觉得筱擅长的芝麻料理挺新鲜,如今它已经是家常便饭了。"达也说。

　　"龙谷总在无意间把食材撕碎,我不过是模仿了一下,久而久之自己也就养成了这样的习惯。我们互相品尝对方的料理,相处越久就越有默契。"筱说。

　　虽说平时回家较晚,但我们还是想美美地吃上一顿饭。

承蒙款待

　　书中的菜谱多使用蔬菜，即使没有米饭和面条，光靠主菜就能带来极大满足感。我们其实就是想告诉大家，只需花一点儿心思，添加一些配料，就可以将普普通通的家常菜变成美味佳肴。

　　你不妨试着做一下，如果觉得好吃，记得告诉我们是如何制作的。希望书中的菜谱能被大家喜爱，哪怕只是一道菜，我们也会感到万分荣幸。

我是

达也

我的爱好是野营、钓鱼，几乎所有的户外运动我都十分喜欢，我也很喜欢音乐（每年都会去参加富士摇滚音乐节），除此之外，我还对料理和品酒十分感兴趣。

　　小时候我就是公认的"吃货"，从高中开始我就在厨房里学习做菜，当时我边看边学做鸡蛋料理跟意大利面等入门级料理。到了大学时代，我在意大利餐厅打零工，在那儿学到了基础的料理学，自此彻底爱上了烹饪，从此一发不可收拾。随着经验逐渐累积，烹饪技术越发娴熟，然而我却突然有了一种感觉，自己似乎陷入了瓶颈，不知道如何提高料理的鲜美滋味。

　　就在这时，我偶然看到电视上播放的料理大师厨房特集，屏幕上那一排排我叫不上名字的调料让我感到十分震惊。此后我便开始流连于各大超市，试着购买一些昂贵的调味料，那些在舌尖上迸发出来的鲜美滋味，至今让我记忆犹新。当然，这也是让我沉迷于美食制作而无法自拔的原因所在。

我是

筱

我是筱。我们夫妻平时是公司职员，同时又是美食家，还是食物造型师。

　　小时候我的家人并不怎么喜欢到外面吃饭，所以我一直认为，吃饭就是要大家围坐在桌子旁，这才是家的氛围。我家有3个孩子，我是老二。和我们一起居住的爷爷奶奶经营着一家蔬果店，所以我们的餐桌上从不缺少时令菜和腌菜，我从小就与各种蔬菜为伍。我发现只要有美食，人们就会有更多说不完的话和真诚的笑容。

　　上学之后，热爱美食的我了解到有营养师这一职业，大学里我掌握了各种相关知识，毕业后就职于食品公司。之后我开始学习食物造型和料理，学习如何摆盘，如何展现食物的鲜美，如何搭配不同食材以打造视觉盛宴，这些使我至今都受益匪浅。

　　一想到所学的一切能够将美味和幸福传递给更多人，我就觉得无比快乐。

工作日的快手菜

1 PART

忙碌的日子里，
还是烤肉吧

买这个好吗?

　　我们俩上班时间不同，所以平时早上就算都起床了，也是按照各自的节奏吃早餐。不过晚上下班后，买菜、做饭、用餐、收拾，我们尽可能一起完成。上班时我们会相互发信息，"今天晚上想吃什么? 要做什么菜?"如果下班晚的话，我们就约定时间在超市碰头。

　　我们一边商量晚上的菜单，一边在超市内寻找所需食材。首先必买的是蔬菜，其次是肉类。

先从肉开始。

一切准备就绪!

"因为时间有点儿晚，所以超市剩下的鱼类品种并不多，可供选择的肉也寥寥无几。虽然品种不多，但是也能让人感到满足。当我们晚归时，料理基本就以肉为主了。而且肉类料理简单可口，在煎烤时又能同时做其他配菜和汤水，对于上班族来说，忙碌的日子里，烤肉就是主菜了。"达也说。

　　我们经常做的一款料理是薄薄撒了一层盐和胡椒的嫩煎鸡肉（鸡腿肉、鸡排或鸡块）。食用时可以挤一些柠檬汁，或放一些柚子胡椒、葱花、醋等。当然也可以根据自己的喜好与心情，在煎烤时放几瓣蒜或姜片，当然也可以加酱油或味醂制成照烧口味。

肉放在锅里煎烤，有足够的时间准备配菜。

今天吃
什么呢?

　　"若是一直很忙，你恰好又想变换下口味，这时番茄罐头和韩式泡菜就必不可少了。番茄罐头可以做成沙司，跟韩式泡菜一起炒，不仅能够调节口味，还能吃到更多的蔬菜。"筱说。

　　晚餐的烹饪时间最好能控制在20分钟以内，尽可能只用一个煎锅搞定所有菜肴。配菜可以放在烤肉边上稍微翻炒，沙司或搭配鸡排的蒜粉米饭可以在嫩煎鸡肉出锅后用同一个锅制作。"因为这是每天都要做的事，所以轻松简单的制作方法能让心情更加愉悦。晚餐作为一天的结束，如果能够做得十分可口，那我们便会更有干劲，期待下一次制作其他美味。"达也说。

如果是休息日，
购物就用不着
赶时间了。

美味快手的嫩煎鸡肉

 12分钟

 简单

材料（2人份）

鸡腿肉 ◆ 2块
盐、胡椒 ◆ 各少许
色拉油 ◆ 1/2大勺
柠檬 ◆ 1个
生菜 ◆ 适量

做法

1 去除鸡腿肉多余的脂肪和筋，将厚的部分切开，撒盐和胡椒调味。

2 中火加热煎锅，倒入色拉油，将鸡腿肉带皮部分向下放入锅中，用铲子摁住煎烤。皮上色后盖上锅盖，用中火再烤片刻，鸡腿肉中间也略熟后翻面，继续煎烤。

3 两面都烤好后取出鸡腿肉，擦净多余油脂，把带皮的部分再烤一下，出锅。

加一些绿色生菜，搭配焦黄色的鸡腿肉，料理看起来更加赏心悦目。淋上柠檬汁就可以开吃了。

总想把它做得更美味一些。

POINT

去除鸡腿肉多余的脂肪和筋，用厨房剪刀最适合。

用铲子摁住鸡腿肉煎烤，不仅可以使肉受热均衡、色泽均一，还能增加香味。

用厨房纸巾擦去多余油脂。

掌握好火候，把鸡皮烤得恰到好处，这是做出美味鸡肉的关键所在。

鸡皮松脆有嚼劲，鸡肉鲜美多汁，真是极致享受！

作为配菜的青椒也用煎锅煎一下。多放些蒜，口感更佳。

能量十足的蒜汁酱油嫩煎鸡肉

 15分钟

 简单

材料（2人份）

鸡腿肉 ◈ 2块
青椒 ◈ 2个
蒜 ◈ 2瓣
红辣椒 ◈ 1根
盐、胡椒 ◈ 各适量
色拉油 ◈ 1小勺
酱油 ◈ 1/2大勺

做法

1 去除鸡腿肉多余的脂肪和筋，将厚的部分切开，撒盐和胡椒调味。青椒去籽后切大块，蒜切薄片，红辣椒去籽后切小块。

2 煎锅中倒入色拉油，放蒜片，小火煸炒出香味后先煎鸡腿带皮部分，鸡皮煎好后盖上锅盖，中火煎烤。鸡肉内部略熟后翻面，盖上锅盖继续煎。

3 鸡肉两面都煎成金黄色后擦净多余的油，加入酱油。

4 将青椒和红辣椒放入煎锅翻炒，撒盐和胡椒。将鸡腿肉切成适口大小后装盘，用青椒点缀。

 推荐搭配各种蘑菇（见P90）。

 用一个煎锅就能完成。

POINT

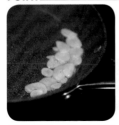

煎烤蒜片，让蒜香融入色拉油中很关键。

鸡肉翻面时，将蒜片放在鸡肉上。

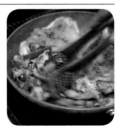

用同一个煎锅炒青椒，制作配菜。

25

浓汁嫩煎鸡排
配芝士番茄沙司

 15分钟

简单

材料（2人份）

鸡腿肉 ◆ 2块
蒜 ◆ 1瓣
罗勒 ◆ 适量
番茄罐头 ◆ 1罐
浓汤宝 ◆ 1块
橄榄油 ◆ 1大勺
比萨用芝士 ◆ 1把
盐、胡椒 ◆ 各适量

做法

1 去除鸡腿肉多余的脂肪与筋，将肉质厚实的部分切开，撒盐和胡椒调味。蒜拍碎。

2 中火加热煎锅，倒入橄榄油，先煎鸡腿带皮部分，翻面后煎至八成熟，出锅。

3 将蒜碎放入锅中，小火煎炒出香味后放入番茄罐头和浓汤宝，炖煮5分钟，加少许盐和胡椒，放入比萨用芝士和少许罗勒。

4 最后倒入鸡腿肉，略翻炒后盛盘，用罗勒装饰。

香滑的芝士配上浓郁的番茄酱汁，果然是最佳组合！

鲜美多汁的鸡肉搭配酸甜适中的番茄酱汁，让人欲罢不能！

POINT

鸡肉煎烤好后盛出，然后调制酱汁。

准备四五根装饰用的罗勒，加入酱汁中。

芝士的量根据自己的喜好调整。

完美的配菜。家里如果有韩国泡菜，我经常会拿来做料理。加上米饭和鸡蛋做成泡菜炒饭，美味至极。

快速完成的
泡菜炒肉

🕒 10分钟　　　　　　简单

材料（2人份）

薄切猪肉 ◆ 200克

调味料

　料酒 ◆ 1大勺

　盐、胡椒 ◆ 各少许

泡菜 ◆ 150克

韭菜 ◆ 2~3根

香油 ◆ 1大勺

A

　│鸡精 ◆ 1小勺
　│酱油 ◆ 1大勺

熟白芝麻 ◆ 2把

做法

1 将薄切猪肉放入塑料袋中，用调味料腌制入味。

2 中火加热煎锅，倒入香油，将猪肉翻炒变色后倒入泡菜，继续翻炒。

3 炒匀后倒入调味料A，用剪刀将韭菜剪成段，撒在猪肉上。装盘后撒熟白芝麻。

利用塑料袋和剪刀，制作十分方便，而且还不用洗。

韩国泡菜用途很多，而且方便制作，是常备的食材。

POINT

用厨房剪刀剪韭菜，无须菜刀跟案板。

蒜香饭配牛排

 15分钟

 简单

材料（2人份）

牛肉（烤肉用隔膜肉）◆ 250克

芸豆 ◆ 6根

玉米笋 ◆ 4根

酱油 ◆ 1/2大勺

盐、胡椒 ◆ 各适量

色拉油 ◆ 1/2大勺

熟白芝麻 ◆ 适量

蒜香饭

米饭 ◆ 2小碗

黄油 ◆ 10克

A

  蒜泥 ◆ 2克

  酱油 ◆ 1大勺

  小葱段 ◆ 2大勺

做法

1 将芸豆切成3厘米长的段，玉米笋纵向切成两半。牛肉用盐和胡椒腌入味。

2 中火加热煎锅，倒入色拉油，将牛肉煎烤变色后倒入芸豆和玉米笋一起煎烤，淋酱油，撒少许盐和胡椒调味，盛出。

3 擦拭煎锅后放入黄油化开，倒入米饭翻炒，将调料A倒入锅中，制作蒜香饭。

4 将蒜香饭盛盘，将牛肉和蔬菜放在饭上，撒熟白芝麻。

选择时令蔬菜。

如果还有美味的汤汁就更完美了。

POINT

牛肉和配菜一起制作，快速完成。

蒜香饭让人食欲大增。

建议使用切好的牛肉。如果时间充裕，可以把牛肉再加热一下，那就更完美了。

花点儿心思，超市里的
半成品也能变美味

仔细选购

　　我们俩都比较重视每天的晚餐，每当为了吃什么而举棋不定时，我们会自然而然地选择烤肉，然后再做一些配菜。我们很注意均衡饮食，讨论菜谱成了我们的一大乐趣。尤其是工作日的晚上，由于时间有限，我们会注意选择那些可以短时间内完成的料理，这一点十分重要。我们购买食材时经常会留意一下超市里搭配好的家常菜半成品，但就这样将它原封不动地搬上饭桌为免有点儿索然无味。我们更愿意花少许工夫，将搭配好的家常菜按自己的口味再添加些其他配菜，把它制作成自己喜欢的美食，这才是我们的风格。

限时促销？

忙碌的日子里，这
可是最佳选择！

家常菜的搭配
就交给你了！

来点儿烤肉
如何？

　　"我们会选那些容易入味、比较常见的菜，比如土豆沙拉，加上点儿蛋黄酱，就能带来奶油一般的口感。要不要把它做成口感清爽一些的料理呢，我们会根据自己的口味调整配菜与调料。"筱说。

　　平时下班比较晚时，超市里生鱼片的种类和数量所剩无几，但是与丰富的蔬菜搭配后，分量瞬间倍增。鲜美的蔬菜与营养丰富的生鱼片不仅让人赏心悦目，而且能让人食指大动。炸鸡块、炸鱼排、炸猪排等油炸食物也是不错的选择：如果选择炸鸡块，可以搭配丰富多样的蔬菜；如果选择炸鱼排，可以调制配料丰富的塔塔酱。

有三文鱼刺身哦！
要不要来上一大碗？

我最爱的
日式炸鱼排。

如果吃炸猪排的话，则可以搭配调好味的萝卜泥，再搭配鸡蛋，省时省力而且营养均衡。

"还可以把烤串上的鸡肉拆下来，做成鸡肉蛋花汤，或作为浇头放在白米饭上，制作亲子盖浇饭。此外，煮鸡蛋和鸡肉块在便利店就能买到，在你想要在料理中添加些其他食材的时候，它们就能派上用场了。"达也说。

缩短料理时间最有效的方法就是将蔬菜事先处理好，比如圆白菜、洋葱、大葱等等，我们习惯把这些蔬菜预先切成块或丝，然后分装入保鲜袋，放进冰箱里。当我们想用买到的半成品做菜或是烤肉时，这些预先切好的蔬菜不仅能在色彩和营养方面锦上添花，更能有效地节省时间。

串烧可不仅只是
爸爸的下酒菜。

土豆沙拉色彩缤纷、
营养丰富。

　　"预先将蔬菜处理好，可以省去每天洗菜、切菜等步骤，不仅能够吃到美味，而且又不会使自己太过疲惫。虽说有人可能对使用现成的食材有些抗拒，但我们并不是把那些半成品直接吃掉，只是把它们作为食材中的一种而已。当我们在超市里看到它们时，脑子里就会不由自主地浮现出这道菜该怎么搭配，和什么搭配更合适，有了答案后才会买回来。撒上些芝麻、碎鲣鱼干，或添加一些调味料、碎鸡蛋等等。经过再加工后，这些菜看起来更加美味，不仅能犒劳自己的胃，而且可以化解一天的辛苦与疲惫。"达也说。

油炸鸡块，
我的最爱！

土豆沙拉

水煮蛋配日式
土豆沙拉

🕒 5分钟　🥄🥄🥄 简单

用超市里的土豆沙拉成品搭配水煮蛋。再来一瓶啤酒和干笋小菜的话，那就是极致享受了。

材料（2人份）

土豆沙拉 ◆ 1盒
（200克）

水煮蛋 ◆ 2个

蘸面汁（2倍浓缩）◆ 2小勺

生菜 ◆ 适量

小葱末 ◆ 适量

买回来的菜就拜托你做啦。

酱料十分关键，也可以根据自己的口味加一点儿辣椒油。

做法

1 将土豆沙拉倒入碗中，淋上蘸面汁。

2 将生菜撕成小片后撒在碗中，放上切好的水煮蛋，撒小葱末。

烤面包粉番茄培根咖喱土豆沙拉

🕐 10分钟　　▮▮ ▮▮ ▮▮　　简单

面包粉炸过后又酥又脆。番茄在嘴里爆开,酸甜的滋味瞬间充盈口腔,让你回味无穷。

如果快要焦了就盖上铝箔纸。 | 买回来的土豆沙拉华丽变身。

材料(易做的量、2～3人份)

土豆沙拉 ◆ 2盒(400克)
培根 ◆ 2片
小番茄 ◆ 6个
面包粉 ◆ 2大勺
咖喱粉 ◆ 1小勺
芝士粉 ◆ 2小勺
欧芹碎 ◆ 适量
胡椒 ◆ 少许

做法

1 培根切成1厘米宽的片,小番茄去蒂。

2 将土豆沙拉、培根、小番茄放入耐热容器中,撒上面包粉、咖喱粉和芝士粉。

3 放入烤箱内烤七八分钟,烤至变色后撒上欧芹碎和胡椒。

将鲣鱼拍松

鲣鱼碎豆腐
中式沙拉

🕐 10分钟　❚❚❚　简单

食材丰富的沙拉，令人倍感愉悦。好吃的秘诀在于控去豆腐中多余的水分。

豆腐买一次能吃完的量就可以了。

姜末使用管装的更方便。

材料（2人份）
鲣鱼 ◆ 1块
木棉豆腐 ◆ 1盒（130克）
裙带菜（泡发）◆ 50克
洋葱 ◆ 1/4个
小番茄 ◆ 2~3个
小葱 ◆ 适量
辣椒油 ◆ 适量

A
　橙醋 ◆ 3大勺
　香油 ◆ 2大勺
　姜末 ◆ 1/2小勺

做法

 将鲣鱼切成五六毫米厚的片。

2 用厨房纸巾裹住豆腐，挤出多余水分。洋葱切薄片后泡水。小番茄纵向切成4瓣，放入材料A，备用。

3 在容器内放入沥水后的洋葱、裙带菜和捏碎的豆腐，再把鲣鱼放在上面，撒上斜切的小葱段，用小番茄点缀。食用前淋调料A，根据个人口味适当加一些辣椒油。

三文鱼刺身

既下饭又下酒的三文鱼刺身

🕐 8分钟 🥄🥄🥄 简单

稍稍奢侈一次，将刺身切成一块块的，再搭配蔬菜嫩芽，超级享受。

材料（2 人份）

三文鱼（刺身用）◆ 200克
黄瓜 ◆ 1根
蔬菜嫩芽 ◆ 1/2盒
蛋黄 ◆ 1个
熟白芝麻、海苔丝 ◆ 各适量

A

┃ 橙醋 ◆ 1大勺
┃ 酱油、香油、熟白芝麻 ◆ 各1小勺

把蛋黄戳破再享用。

除了三文鱼，也可以用金枪鱼或其他白肉鱼刺身哦。

做法

1 黄瓜切丝，蔬菜嫩芽去根。

2 碗中放入三文鱼和调料 A，搅拌均匀。

3 将黄瓜丝铺满碗底，摆上搅拌好的三文鱼，撒上海苔丝、熟白芝麻和蔬菜嫩芽。

炸鸡块

百变炸鸡块　🕐 10分钟　 　简单

酸甜炸鸡块配蔬菜

材料（2 人份）

炸鸡块 ◆ 5～6块
茄子 ◆ 1根
南瓜 ◆ 1/8个
色拉油 ◆ 适量
熟白芝麻 ◆ 少许

A

　水 ◆ 100 毫升
　酱油 ◆ 3 大勺
　醋 ◆ 1 大勺
　淀粉 ◆ 1 小勺

可以尝到多种混合
酱汁，太棒了！

炸鸡块太好吃了！

做法

1 茄子切块，南瓜切成 5 毫米厚的片。

2 煎锅中倒入色拉油加热，放入茄子和南瓜快速过油后出锅。

3 将锅中的油擦干净，倒入调料 A，小火加热并搅拌，做成芡汁。倒入炸鸡块、茄子和南瓜翻炒均匀，装盘后撒熟白芝麻。

我家习惯把买来的炸鸡块搭配上蔬菜和丰富的调料一起吃。当然，关键是要放入烤箱加热一下，这样才能使炸鸡皮喷香酥脆。

材料（2人份）
炸鸡块 ◆ 5~6块
白萝卜段 ◆ 5厘米
紫苏叶丝 ◆ 2~3根的量
橙醋 ◆ 适量

做法
白萝卜擦成萝卜泥，稍挤掉些汁水后放在炸鸡块上，放紫苏叶丝点缀。食用前淋上橙醋。

材料（2人份）
炸鸡块 ◆ 5~6块
大葱末 ◆ 10厘米的量
姜末 ◆ 1片的量
香油 ◆ 1/2大勺
红辣椒段 ◆ 1根的量

A
| 醋 ◆ 2大勺
| 白砂糖 ◆ 1大勺
| 酱油 ◆ 1小勺
| 姜末 ◆ 1小勺

做法
1 将香油倒入小锅中加热，放入大葱末、姜末和红辣椒段翻炒，倒入调料A。
2 趁热放入炸鸡块。

白萝卜泥紫苏炸鸡块

葱香油淋炸鸡块

41

日式炸鱼

塔塔酱
日式炸鱼

🕙 10分钟　　🔲🔲🔲　简单

从超市购买的日式炸鱼，撒些海苔，香味更佳。再搭配塔塔酱，方便又美味。

材料（2人份）

日式炸鱼 ◆ 2片
生菜 ◆ 适量
圆白菜丝 ◆ 适量
海苔 ◆ 少许

紫苏腌茄子塔塔酱

水煮蛋碎 ◆ 2个的量
紫苏腌茄子碎 ◆ 1大勺
蛋黄酱 ◆ 3大勺

梅干鲣鱼塔塔酱

水煮蛋碎 ◆ 2个的量
梅干碎 ◆ 1颗的量
鲣鱼碎 ◆ 1/2袋
蛋黄酱 ◆ 3大勺
牛奶 ◆ 1/2大勺

事先准备些圆白菜丝，能省下很多工夫。

搭配不同的塔塔酱，口感清爽，余味悠长。

做法

1 将日式炸鱼放入烤箱加热，使其变得酥香松脆。

2 在容器中放入生菜和圆白菜丝，再放上日式炸鱼，撒海苔。

3 将两种塔塔酱混合均匀，搭配日式炸鱼。

烤鸡肉串

炭烤风味
亲子盖浇饭

🕐 10分钟　🍲 🍲 🍲 简单

在香气四溢的烤鸡肉串上再加个温泉蛋，美味升级!

材料（2人份）

烤鸡肉串（或其他种类）◆3串

洋葱 ◆ 1/2个

鸭儿芹 ◆ 适量

鸡蛋 ◆ 2个

米饭 ◆ 2小碗

海苔碎 ◆ 适量

A

蘸面汁（2倍浓缩）◆ 2大勺

料酒 ◆ 1/2大勺

水 ◆ 100毫升

没有五香粉也很美味。　用烤鸡肉串做亲子饭，可以根据喜好添加五香粉。

做法

1 将烤鸡肉从竹扦上取下。洋葱顺纤维纵向切成约5毫米厚的片。

2 将调料A和洋葱放入锅中，洋葱煮软后放入烤鸡肉，打入鸡蛋，盖上锅盖，焖1分30秒。

3 盛米饭，撒海苔碎，将步骤2中的材料盖在饭上，用鸭儿芹点缀。

多吃蔬菜，即使晚归也无负担

晚上八点半在超市碰面，然后急匆匆地购买食材，再花20分钟制作。一番忙碌后，我们大多都是在九点多才开始吃晚餐。因为用餐晚，为了不积食、第二天早上体重别上升，所以越是晚归越要注重健康饮食。平时我们会尽量控制摄入米饭等含糖量高的食物，也就养成了多吃蔬菜的习惯。

"当然这也是因为爷爷奶奶经营着一家蔬果店的缘故，蔬菜是我身边触手可及的食材，碗里装入满满的西蓝花、土豆等，按各自的喜好调味，简单的烹饪方式能让我们尝到蔬菜最原始的鲜美味道，我就是在这样的家庭长大的。"筱说。

已经这么晚啦，我要回家吃饭哦。

那我先回去准备啦！

蔬菜比肉
更丰富。

"我家是两兄弟，所以饭菜的量总是很大。不过回过头来想想，那时候其实我们也经常吃用西蓝花和番茄做的沙拉。"达也说。

因为有小时候的记忆，而且我们都没有挑食的坏习惯，所以可用来烹饪的蔬菜就很丰富了。只要事先切好或炒好那些可以任意搭配的蔬菜，然后根据烹饪时的心情，挑选喜欢的食材就行了。

"筱总说番茄必不可少，我也很喜欢蔬菜，我们俩对每天的食谱非常重视，所以在选择食材时我们会事先看一下菜谱。"达也说。

一想到冰箱里的存货不多时，我们会顺便看一下超市中的冷冻食品。当然我们最先去的肯定是蔬菜区，先挑选自己喜欢吃的蔬菜，然后再选择其他颜色的蔬菜，尽量使食材既营养丰富又赏心悦目。

碗里装满了番茄，
美味可口。

一大锅蔬菜翻炒一下，
看起来就没那么多了。

"我们很喜欢时令蔬果，像豆类、嫩玉米、竹笋、金橘等，为了不错过它们的鲜美滋味，我们会在应季时多吃一些。我觉得能在当季吃上时令蔬果是一种最奢侈的享受。"达也说。

"这是为了让料理更具吸引力吧。如果没有太多闲暇时间的话，只能在吃烤肉时再搭配一些红色、绿色、黄色的蔬菜，色彩搭配丰富的菜肴能让人食欲大增，并忘记一天的繁忙和辛劳。如果还有时令蔬菜的话，更能给料理的口感和香味加分，让人心情愉悦。"筱说。

多吃蔬菜，好像精神
特别充沛。

　　我们制作的料理是以鱼和肉为主材，然后搭配色彩艳丽的蔬菜。
不论主菜是鱼还是肉，必定会有配菜和调料，还有添加了沙司和酱料
的蔬菜。所以最重要的便是让种类丰富、色彩缤纷的蔬菜看起来美
味，吃起来可口，这才是真正意义上的晚饭。

　　"对我们来说，最快乐的莫过于在超市里一看到食材，脑中就闪
出最佳菜单的时候。还有就是讨论用当季的时令蔬菜做什么料理的时
候。"筱说。

控糖饮食需要更
多蔬菜。好想再
多吃点儿呀！

满满洋葱香的猪肉生姜烧

 15分钟

简单

材料（2人份）

猪肉片 ◆ 250克
洋葱 ◆ 1个
色拉油 ◆ 1/2大勺
圆白菜丝 ◆ 适量
紫苏叶丝 ◆ 2片的量
小番茄 ◆ 适量
盐、胡椒 ◆ 各少许

A

姜末 ◆ 1大勺
酱油 ◆ 2.5大勺
味醂 ◆ 2大勺
料酒 ◆ 1大勺

做法

1 洋葱切成5毫米宽的片。在猪肉片中加入盐和胡椒调味，将洋葱、猪肉片和调料A装入塑料袋中搓揉入味。

2 将圆白菜丝和紫苏叶丝混合，装盘后放入小番茄装饰。

3 将色拉油倒入煎锅中加热，将步骤1的食材和调味料一起倒入锅中翻炒。掌握好火候，炒好后装盘。

把事先切丝的圆白菜与紫苏叶搅拌均匀，芳香四溢，值得一试。

可以根据自己的喜好添加蛋黄酱。

POINT

洋葱顺纤维方向切薄片（见P88）。事先切好备用，使用起来更便捷。

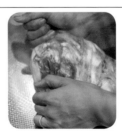

将洋葱片和猪肉片放入塑料袋中，加上调味料，搓揉入味。

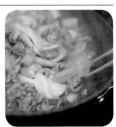

将调味料倒入煎锅内翻炒片刻，完美出锅。

猪肉生姜烧的味道能让我想起妈妈。把所有食材放到一个锅内翻炒，省时省力，这是我想出来的好主意。

49

新鲜蔬菜搭配
酸甜可口的酱
汁，放入冰箱
冰镇后再吃，
美味无比。

糖醋三文鱼配五彩蔬菜

 15分钟

中等

材料（2人份）

三文鱼 ◆ 2块
洋葱 ◆ 1/2个
胡萝卜 ◆ 1/3根
青椒 ◆ 2个
盐、胡椒 ◆ 各少许
低筋面粉 ◆ 适量
色拉油 ◆ 1.5大勺

A

醋、酱油、味
酥 ◆ 各2大勺
白砂糖 ◆ 1小勺
水 ◆ 100毫升
红辣椒 ◆ 1根

做法

1 将调料A的食材放入小锅内加热，煮沸后关火，做成糖醋汁。在三文鱼上撒上盐和胡椒，裹满低筋面粉。

2 将洋葱、胡萝卜和青椒切小块。煎锅中倒入1/2大勺色拉油，加热后放入蔬菜炒软，蔬菜出锅后淋糖醋汁，冷却。

3 锅中倒入1大勺色拉油，加热后将三文鱼放入锅中煎烤（先煎带皮的一面）。变色后装盘，摆上蔬菜，淋糖醋汁。

红、绿、白3种颜色的蔬菜让料理绚丽多彩。

秋天的三文鱼味道一流。

POINT

将丰富的蔬菜翻炒后加入糖醋汁调味。

二文鱼先从带皮的一面煎烤，烤至鱼皮酥脆、变色后再煎另一面。

鲜虾西蓝花煎土豆

 20分钟　　简单

用小火将蒜炒出蒜香，关键要把土豆煎得恰到好处。

材料（2人份）

水煮虾 ◆ 100克
土豆 ◆ 2~3个
西蓝花 ◆ 1棵
橄榄油 ◆ 2~3大勺
蒜 ◆ 1瓣
红辣椒 ◆ 1根
盐、胡椒 ◆ 各少许

做法

1 土豆带皮切成块，浸入水中。西蓝花掰成小朵，蒜切薄片。

2 将土豆放入耐热容器中，裹上微波炉专用保鲜膜，用微波炉 600 瓦加热 6 分 30 秒左右（用竹扦插进去时，只有少许硬心的程度）。西蓝花也放入耐热容器中，裹上保鲜膜，用微波炉 600 瓦加热 1 分 30 秒。

3 将橄榄油倒入煎锅中，放入蒜片和切小段的红辣椒，小火翻炒出香味后取出蒜片。放入土豆块，中火加热，不要翻炒土豆，煎至土豆表面略变成褐色。

4 加入西蓝花和水煮虾翻炒，加盐和胡椒调味。

鲜香四溢的白菜炖鸡翅

🕐 25分钟

🍲 🍲 🍲 简单

材料（2人份）
鸡翅根 ◆ 5~6个

调味料

  盐、胡椒 ◆ 各少许

白菜 ◆ 1/8棵

蒜末 ◆ 1瓣的量

姜 ◆ 1片

水 ◆ 800毫升

鸡精 ◆ 1大勺

料酒 ◆ 1大勺

盐 ◆ 适量

水淀粉 ◆ 淀粉1小勺+
水1大勺

> 事先把白菜放入微波炉内加热，可节约炖煮时间。

做法

1 鸡翅根事先用调味料调味。白菜切大块，放入耐热容器中，裹上微波炉专用保鲜膜，用微波炉600瓦加热四五分钟，沥干多余水分。

2 锅内加水、鸡精、鸡翅根、蒜末、姜片和料酒加热，水沸后盖上锅盖，小火炖5分钟，放入白菜，再炖10分钟。

3 加盐，将水淀粉倒入锅中轻轻搅拌。将汤盛出后根据个人口味加胡椒。

鸡翅根的骨头可以炖出鲜美的味道来。

白菜炖得软烂，能吸收汤的鲜美滋味。

55

章鱼圆白菜盐昆布意大利面

装盘前稍微撒一些盐昆布。

🕐 15分钟

简单

材料（2人份）

意大利面 ◆ 160克
水煮章鱼 ◆ 120克
圆白菜 ◆ 1/4个
蒜 ◆ 1瓣
盐昆布 ◆ 2大勺
橄榄油 ◆ 2大勺
酱油 ◆ 1小勺
料酒 ◆ 1小勺
小葱段 ◆ 少许

做法

1 将水煮章鱼切薄片，圆白菜切大块，蒜切末。

2 煮一锅沸水，加适量盐，放入意大利面，煮面时间比包装上的用时少1分钟。

3 煎锅内倒入橄榄油，小火翻炒蒜末，炒出香味后放入圆白菜，中火翻炒。

4 将煮好的意大利面倒入煎锅内，倒入酱油、料酒和水煮章鱼炒匀，最后加盐昆布，稍稍搅拌后装盘，撒小葱段。

茄子培根番茄通心粉

 15分钟　　简单

材料（2人份）

斜切通心粉 160克
茄子 1根
小番茄 3~4个
培根 100克
番茄罐头 1罐
蒜 1瓣
红辣椒 1根
橄榄油 1大勺
芝士粉 适量

做法

1 茄子切圆片，小番茄对半切开，培根切成1厘米厚的块，蒜切末，红辣椒去籽。汤锅内加水煮沸。

2 煎锅中倒入橄榄油，放蒜末和红辣椒，小火炒出香味，放入培根和茄子翻炒，最后加入番茄罐头，中火炖五六分钟。

3 在汤锅中加入1大勺盐（材料外）和通心粉，稍搅拌，煮的时间比包装袋上的用时少1分钟。

4 将通心粉放入煎锅中，加入小番茄稍翻炒，装盘后撒一层芝士粉。

番茄罐头和新鲜小番茄搭配和谐，吃起来酸甜适口，十分清爽。

可口又丰富，
引以为傲的沙拉

　　如果要使配菜看起来量多又美味的话，我俩的首选就是沙拉，当然主要是由筱来做。筱制作的沙拉可口又丰富，因为以前给酱料和沙拉调料公司做过策划，所以她对沙拉的搭配极为精通。"最让我难忘的是山葵、牛油果加上芥末酱油和豆子的沙拉。爽口清脆的山葵搭配牛奶般的牛油果，还有让人回味无穷的豆子，这种沙拉组合真的太棒了！所以沙拉就全部拜托筱来做了。"达也赞不绝口地说。

　　因为达也最喜欢吃土豆加肉的能量沙拉，而且他又十分擅长做独具特色的菜品，因此我们也会时不时一起制作沙拉。不论我们俩谁来

在蔬菜角挑选蔬菜，
需要好好斟酌。

做菜，最终的目的都是做出色泽丰富、让人看起来五彩缤纷且口感独特的料理。"我们有时候会使用土豆、西蓝花、番茄、牛油果，然后用长面包和油炸洋葱加以点缀。这样一来，菜品除了赏心悦目，口感还十分特别，从一道沙拉中可以享受多种食材，这实在是无与伦比的幸福和满足。"筱说。

　　沙拉调料是以橄榄油、蛋黄酱、橙醋等作为基底，根据食材以及个人口味稍做调整。从超市购买的现成凯撒沙拉，我们也可以通过添加芥末酱或柚子胡椒等不同的调料，使之变成适合自己口味的一道菜。

我们俩都很喜欢的沙拉。

牛油果蛋黄凯撒沙拉

10分钟

简单

材料（2人份）

牛油果 ◆ 1/2个
蛋黄 ◆ 1个
罗马生菜 ◆ 5~6片
黄甜椒 ◆ 1/4个
紫洋葱 ◆ 1/8个
红生菜 ◆ 1~2片
火腿 ◆ 3片
黑橄榄 ◆ 3~4个
长面包 ◆ 适量
凯撒沙拉调料（市售）◆ 适量
黑胡椒碎 ◆ 适量
芝士粉 ◆ 适量

做法

1 牛油果去皮、去核，罗马生菜和红生菜略撕碎，紫洋葱切薄片后焯水，沥干水分。黄甜椒切细条，黑橄榄切薄片，火腿切成4等份，长面包用烤箱略烘烤。

2 依次将罗马生菜、紫洋葱、红生菜、黄甜椒和火腿装盘，中间放牛油果，在核的部分填入蛋黄。

3 撒一层黑橄榄，放入切块的长面包，淋凯撒沙拉调料，撒黑胡椒碎和芝士粉即可。

牛油果的切法

纵向切开牛油果，用刀尖剔除中间的核，注意不要伤到手，然后从两端去皮。

制作方便的沙拉，用紫色蔬菜添加一些色彩，看起来更美味。

大胆切碎吧，牛油果搭配蛋黄，超美味！

蔬菜挑选自己喜欢的就可以。蛋黄搭配清爽可口的蔬菜，快开动吧！

61

繁忙的工作日晚餐，尽情享用分量十足的沙拉吧！

香油酱香蒸鸡块配黄瓜

只需用微波炉稍加热，香油的味道分外扑鼻。

明太子蛋黄酱芋头虾

芋头与南瓜能使沙拉看起来分量十足。即使没有米饭也能吃得很饱。

64

🕒 15分钟　■□□ 简单

材料（2人份）
鸡胸肉 ◆ 1块
黄瓜 ◆ 1根
水菜 ◆ 1棵
大葱绿 ◆ 1根
姜 ◆ 1片
料酒 ◆ 1大勺
盐、胡椒 ◆ 各少许
辣椒油 ◆ 适量

A
｜酱油 ◆ 2大勺
｜醋、白砂糖 ◆ 各1/2大勺
｜香油 ◆ 1/2大勺
｜熟白芝麻 ◆ 1小勺

做法

1 鸡胸肉去皮，用叉子在肉上扎几个眼，放入耐热容器中，加料酒、盐和胡椒调味，放入大葱绿和姜片，裹上微波炉专用保鲜膜，用微波炉600瓦加热4分钟，翻面再加热2分钟，冷却后取出。

2 将黄瓜装到塑料袋中，用擀面杖拍成适口大小的块。水菜切成三四厘米长段。

3 依次将水菜、黄瓜和鸡肉装盘，放入调料A，根据个人口味加辣椒油。

POINT

用叉子在鸡肉上扎几个眼并预先调味，即使用微波炉加热，鸡肉也依然软嫩。

材料（2人份）
芋头（水煮）◆ 5~6个
南瓜 ◆ 1/4个
水煮虾 ◆ 8个
小番茄 ◆ 3个
生菜 ◆ 适量
盐 ◆ 少许

A
｜芥末明太子（去皮）◆ 1个
｜蛋黄酱 ◆ 3大勺
｜牛奶 ◆ 1大勺
｜蘸面酱（2倍浓缩）◆ 1小勺
｜鲣鱼片 ◆ 1/2袋

🕒 10分钟　■□□ 简单

做法

1 将芋头对半切开。南瓜切成5毫米厚的片，焯水后放入耐热容器，用微波炉600瓦加热四五分钟，使其变软，冷却后撒盐。

2 在碗里倒入材料A（芥末明太子碾碎），拌匀，放入芋头、南瓜和水煮虾。

3 将生菜略撕碎后放在盘子上，倒入步骤2的食材，将小番茄对半切开作为装饰。

泰式粉丝与涮猪肉片的完美组合。吃起来比虾仁更有嚼劲，让人倍感满足！

泰式肉片粉丝沙拉

🕐 15分钟

🍲🍲🍲 中等

材料（2人份）

猪肉片（涮锅用）◆ 200克

粉丝 ◆ 80克

紫洋葱 ◆ 1/4个

番茄 ◆ 1个

黄甜椒 ◆ 1/4个

生菜 ◆ 3片

香菜、酸橘 ◆ 各适量

盐、料酒 ◆ 各少许

A

　蒜末 ◆ 1瓣的量

　红辣椒 ◆ 1根

　甜辣酱 ◆ 2大勺

　鱼露 ◆ 2大勺

　柠檬汁 ◆ 2大勺

　白砂糖 ◆ 1/2小勺

做法

1 煮一锅开水，粉丝焯水后沥干。锅中放入盐和料酒，将猪肉片汆烫一下，倒入漏勺里冷却。

2 将粉丝切成适口长段。紫洋葱切薄片，焯水后沥干。番茄切块，黄甜椒切细丝。

3 将材料A倒入碗中拌匀，放入猪肉片、粉丝和蔬菜充分搅拌，倒入铺好生菜的盘中，根据个人口味添加香菜和酸橘。

用柠檬和酸橙代替酸橘也可以。

柠檬榨汁后泡在苏打水里作饮料吧。

POINT

等水沸腾后用漏勺捞起猪肉片，冷却。

缩短料理时间的技巧

介绍几个能缩短料理时间的小技巧，不仅可以减少所用的工具，还能节省清洗的时间。

用剪刀

像韭菜、葱这种有香味而且长短不一的蔬菜，可以整理好后用剪刀剪。

用手撕

油豆腐、香菇用手撕开，可以使调味料完美地附着在断面上，充分入味。所以这些食材可不用刀切，直接手撕。

用塑料袋

使用塑料袋就不会弄脏手，腌制和搅拌食物时更加轻松方便。而且塑料袋不仅可以用来保存预先切好的菜，也可以用来保存腌制好的菜。

PART 2

轻松高效的常备菜

超方便!

将蔬菜预先切好、
储存，像净菜一样使用

　　这种做法真的很简单，而且很实用。我们平时特别忙，但是不会将饭菜全部做好冷冻起来，这时预先切好的蔬菜就发挥了很大作用。把经常使用的蔬菜切好，储存在冰箱里，既节省时间又干净卫生。

　　"我们曾经尝试过预先做好20个菜，然后冷冻起来，但这不适合我俩，因为我们喜欢食物新鲜出炉的味道。所以我们只将部分做好的食材冷冻，比如肉和炒洋葱。然后把切好的蔬菜装入塑料袋，放进冰箱，做菜时取用和制作都方便。"达也说。

果然不能少了
圆白菜。

多切一些吧!

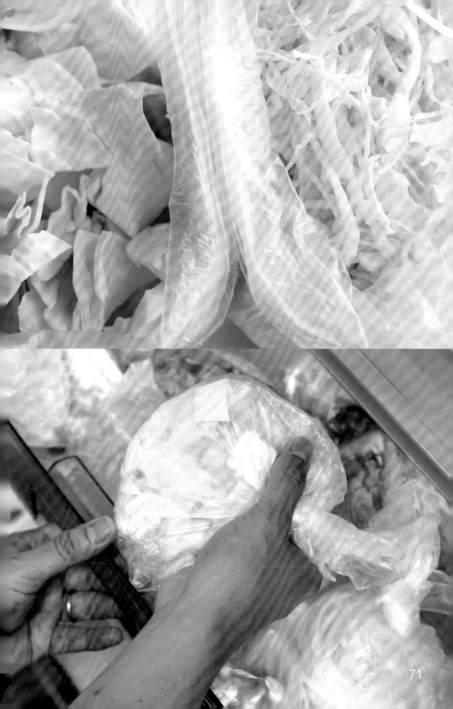

　　常用的食材有圆白菜、大葱、小葱、萝卜和洋葱。白菜切丝或块，大葱切末，小葱切段。洋葱切薄片、梳形块或别的方便使用的形状，然后用塑料袋储存。还可以把西蓝花切得小一些，这样能更快煮熟。用剪刀把容易出水的甜椒剪成小块。蘑菇的话，可以把做西式和中式料理的几种食材组合在一起，制成方便的"什锦蘑菇"。不用特意购买，只需在烹饪时把之前剩下的蔬菜切好、储存即可。我喜欢在炒菜、拌沙拉、做汤时加一点儿，想调出新口味时也加一点儿，不用

还有预处理好的蔬菜吧？

嗯，真的很方便。

费事就能增加蔬菜品种。

　　为了保证新鲜度，切好的蔬菜在冰箱里最长储存3天。虽然比冷冻的时间短，但使用起来更方便，还能激发你更多的料理创意，用起来得心应手。还能避免"忘记有存货，结果买了又买，最后在冰箱角落发现菜已经不新鲜了"之类的情况。不需要复杂的技术，只要把它切好放进冰箱即可，既经济又实惠，从冰箱里取出即可制作。优点众多的预处理蔬菜，好用又放心。

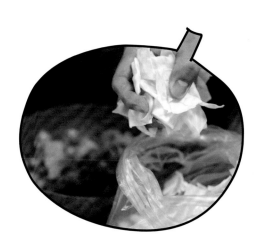

将圆白菜一半切大块，另一半切细丝。将肉烤熟后搭配圆白菜，回家后直接制作，非常方便。1把70克左右。

圆白菜切大块和切丝

姜汁圆白菜烧肉

 10分钟

简单

材料（2人份）

猪肉片（姜汁烧肉用）◆ 3～4片
圆白菜丝 ◆ 2把
番茄块 ◆ 适量
黄瓜片 ◆ 适量
低筋面粉 ◆ 适量
盐、胡椒 ◆ 各少许
色拉油 ◆ 适量

A

| 姜 ◆ 少许
| 酱油 ◆ 1大勺
| 味醂 ◆ 1大勺
| 蚝油 ◆ 1/2 大勺

准备

· 将1指尖的姜擦成姜泥，另一部分切细丝。
· 将猪肉片用盐和胡椒腌制入味，再裹上低筋面粉。

做法

1 炒锅中倒入色拉油，用中火将猪肉片两面煎熟。

2 猪肉片变色后，将材料A放入锅中。

3 装盘，放上所有蔬菜装饰。

只放1片肉也可以。

这是记忆中妈妈的味道。姜汁烧肉就是要这个味道才行。

这道菜的重点是使用了姜泥和姜丝。非常下饭的一道菜，但用餐时间不要太晚哦。

75

15分钟　 中等

材料（2人份）

猪五花肉薄片 ◆ 200克

调味料

　盐、胡椒 ◆ 各少许

　料酒 ◆ 1大勺

圆白菜丝 ◆ 2把

青椒块 ◆ 1个的量

红甜椒块 ◆ 1/4个的量

蒜末 ◆ 1瓣的量

姜末 ◆ 1指尖的量

豆瓣酱 ◆ 1小勺

红辣椒（去籽）◆ 1根

色拉油 ◆ 1/2大勺

香油 ◆ 1/2大勺

A

　鸡精 ◆ 1大勺

　甜面酱 ◆ 1大勺

　酱油、白砂糖、料酒 ◆ 各1大勺

准备

· 将猪五花肉薄片和调味料一起放入塑料袋中，
腌制入味。

做法

1 在平底锅中加热色拉油，炒熟猪五
花肉薄片后取出。

2 在同一锅中放入香油、蒜末、姜末、
豆瓣酱、红辣椒，小火炒香后加入材料
A，收汁至一半时将猪五花肉薄片放入
锅中翻炒。

3 加入圆白菜丝、青椒块和红甜椒块，
大火翻炒均匀。

超下饭的甜椒
回锅肉

POINT

将预处理过的圆白菜
丝从塑料袋中直接取
出，放入锅中即可。

用甜椒点缀，仅靠圆白菜和猪肉就能让人心满意足的一道菜。

增添了甜椒的红色，料理的色彩马上就鲜亮了。

用到了预处理过的圆白菜，所以很快就能做好。

圆白菜和猪肉焯熟即可的简单菜谱，搭配两种调味汁，口感清爽又下饭。

圆白菜配涮肉片

煮熟即可的健康料理。

🕐 10分钟　🍲 🍲 🍲　简单

材料（2人份）

猪里脊肉片（涮肉用）◆200克
圆白菜块 ◆ 2把

A
| 姜片 ◆ 1片
| 大葱绿 ◆ 1根
| 盐 ◆ 少许

和风姜泥蛋黄酱调味汁

蛋黄酱 ◆ 2大勺
酱油 ◆ 1小勺
姜泥 ◆ 2指尖

芝麻味噌调味汁

白芝麻碎、味噌 ◆ 各1大勺
酱油、醋 ◆ 各1/2大勺
白砂糖、香油 ◆ 各1小勺

准备

· 锅中加入适量水和材料A煮沸。

做法

1 将两种调味汁的材料分别混合，加入少许开水稀释。

2 将圆白菜放入锅中煮软后沥干，将猪里脊肉片煮熟，变色后取出沥干。

3 将圆白菜和猪里脊肉片交替摆盘。食用前将调味汁淋在上面即可。

芝麻凉拌圆白菜鱼糕

🕐 5分钟　🥄 🥄 🥄　简单

材料（2人份）

圆白菜丝 ◆ 1把
鱼糕 ◆ 2根
盐 ◆ 少许
木鱼花 ◆ 适量

A
| 白芝麻碎 ◆ 1大勺
| 酱油 ◆ 1/2大勺

做法

1 在圆白菜丝上撒盐，变软后沥干水。鱼糕斜切成约1厘米长的条。

2 将圆白菜丝与材料A盛入碗中，放入鱼糕，撒上木鱼花即可。

和风姜泥蛋黄酱调味汁的做法是我家原创的，一定要试试看。

两种调味汁可以在冰箱里保存两三天。

圆白菜吐司
配煎蛋

🕐 8分钟　▮▯ ▮▯ ▮▯　简单

材料（2人份）
吐司面包 ◆ 2片
鸡蛋 ◆ 2个
圆白菜丝 ◆ 1/4个
的量
橄榄油 ◆ 适量
盐、胡椒 ◆ 各少许
酱汁（自选）◆ 适量

做法
1 炒锅中倒入橄榄油，中火加热，打入鸡蛋，加盐和胡椒，做成煎蛋。
2 将吐司面包放入面包炉中加热，装盘后放上圆白菜丝，淋酱汁，再将煎蛋放在上面即可。

能马上完成
的一道菜。
多加几种蔬
菜也可以。

和风鹿尾菜圆
白菜沙拉

 5分钟　簡單

材料（2人份）

圆白菜丝 ◆ 1/4个的量
玉米粒 ◆ 2大勺
金枪鱼罐头 ◆ 1罐
鹿尾菜 ◆ 2大勺
盐 ◆ 少许

A

蛋黄酱 ◆ 1大勺
蘸面酱（2倍浓缩）◆ 1大勺
白芝麻碎 ◆ 1小勺
盐、胡椒 ◆ 各少许

做法

1 圆白菜丝撒盐腌制，沥干水分。

2 将沥干油的金枪鱼、圆白菜丝、泡水后沥干的鹿尾菜、玉米粒和材料A放入碗中，搅拌均匀。

冷藏30分钟
会更入味。

这种口感令人着
迷，一不留神就沉
醉其中了。

将小葱（或胡葱）横切成小段，大葱的葱白部分切末，切好后储存。用大葱的葱绿部分做涮肉片（见P79）。

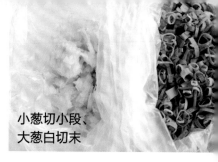

小葱切小段、大葱白切末

葱香五花肉御好烧

🕐 15分钟 🍳🍳🍳 中等

材料（2人份）
猪五花肉片 ◆ 200克
御好烧粉 ◆ 100克
鸡蛋 ◆ 1个
水 ◆ 100毫升
小葱段 ◆ 50克
天妇罗油渣 ◆ 30克
色拉油 ◆ 1大勺

装饰
小葱段、调味汁、
蛋黄酱 ◆ 各适量

做法
1 在大碗中将御好烧粉、鸡蛋和水充分混合，加入小葱段和天妇罗油渣。

2 锅中热油，铺上猪五花肉片，两面煎熟。猪肉变色后倒入步骤1的面糊，煎至两面变色。

3 装盘后淋上调味汁和蛋黄酱，再放上小葱段装饰。

葱香味噌汤配荷包蛋

🕐 10分钟 🍲🍲🍲 简单

材料（2人份）
鸡蛋 ◆ 2个
油豆腐 ◆ 1/2片
小葱段 ◆ 1把
高汤料 ◆ 1袋
味噌 ◆ 3大勺
水 ◆ 600毫升

做法
锅中倒入水和高汤料，中火加热。放入撕成块的油豆腐，放入味噌化开。改小火，打入鸡蛋，蛋清凝固后将汤盛入碗中，撒小葱段即可。

我最喜欢在味噌汤里加荷包蛋了。

多加点儿葱段吧。

只用御好烧
粉、水和鸡
蛋，就能将
料理做得松
软可口。

只要学会这个辣味番茄酱的做法，无论是鸡肉还是鱼肉都能用微波炉来做了。

葱香番茄香辣虾

 15分钟 🍳🍳🍳 中等

材料（2人份）

A 葱香番茄香辣酱

| 大葱末 ◆ 2 大勺
| 番茄酱 ◆ 2 大勺
| 酱油 ◆ 1 大勺
| 白砂糖 ◆ 1 大勺
| 豆瓣酱 ◆ 1/2 ~ 1 小勺
| 水 ◆ 100 毫升

虾 ◆ 20个

调味料

| 料酒 ◆ 1 大勺
| 盐、胡椒 ◆ 各少许

淀粉 ◆ 2 大勺

香油 ◆ 1 大勺

水淀粉 ◆ 淀粉1/2大勺+水1大勺

葱白丝 ◆ 10厘米的量

做法

1 在塑料袋里将虾和调味料揉匀，加入淀粉后再次揉匀。

2 在平底锅中加热香油，放入虾煎制上色，翻面再煎 3 分钟后取出。

3 将材料 A 中的大葱末放入同一平底锅中翻炒，变软后加入材料 A 的其他食材，煮开后勾芡。汤汁变黏稠后放入虾，迅速搅拌。

4 装盘，撒上葱白丝。

葱白丝的做法

将大葱的葱白部分切成5厘米长段，纵向切口，取出中间的葱心，只将外侧的葱白切成极细的葱丝，在水中浸泡10分钟左右后沥干使用。

香辣鸡肉块

用200克鸡腿肉（切块并炸好）代替虾仁，其余材料和做法与香辣虾相同，撒上小葱段装饰。

香辣虾和香辣鸡块都很好吃。

豆瓣酱的辣味很明显。

香辣酱中的葱使用时要用油炒出香味。

白萝卜切扇形片

经常会购买白萝卜,去皮后切成扇形片。用来做味噌汤或做配菜。可以冷冻保存。

 15分钟

簡单

材料（2人份）

白萝卜片 ◆ 150克
猪肉馅 ◆ 100克
小番茄 ◆ 4个
姜丝 ◆ 1指尖
水 ◆ 600毫升
料酒 ◆ 1大勺
鱼露 ◆ 1大勺
酱油 ◆ 1小勺
盐 ◆ 1/4小勺
香油 ◆ 适量
小葱段 ◆ 适量

做法

1 锅中倒入香油加热,放入姜丝和猪肉馅煸炒。肉馅变色后加入白萝卜片,翻炒两三分钟。

2 加水和料酒,煮沸后撇去浮沫。倒入鱼露和酱油,中小火煮至白萝卜变软。加盐调味,放入小番茄。装盘后撒上小葱段即可。

小番茄不需要过多炖煮,最后再放入即可。

东南亚风味
萝卜肉末小
番茄汤

酸梅拌萝卜　　糖醋萝卜火腿沙拉

材料（2 人份）

白萝卜片 ◆ 200克
酸梅 ◆ 1个
紫苏叶 ◆ 1片
盐 ◆ 1/2小勺
橙醋 ◆ 1大勺

做法

1 碗中放入白萝卜片和盐，揉搓后腌制 5 分钟，白萝卜变软后沥干水。酸梅去核，用刀剁碎。

2 将白萝卜片、酸梅、切丝的紫苏叶和橙醋拌匀即可。

材料（2 人份）

白萝卜片 ◆ 200克
火腿肉片 ◆ 3片
盐 ◆ 1/2小勺
黑胡椒碎 ◆ 适量

A

醋 ◆ 2大勺
橄榄油 ◆ 1大勺
白砂糖 ◆ 1小勺
盐 ◆ 2 小撮

🕐 20分钟

🥄🥄🥄 简单

做法

1 碗中放入白萝卜片和盐，揉搓后腌制 5 分钟，白萝卜变软后沥干水。火腿肉片撕成适口大小。

2 将白萝卜片和火腿肉片混合，加入材料 A 轻轻搅拌，放入冰箱冷藏腌制 10 分钟左右，装盘后撒上黑胡椒碎即可。

喜欢哪一款？　　都很好吃啊！

洋葱切薄片
和梳形块

当洋葱只使用了半个或1/4个时，经常会将剩下的洋葱用保鲜膜包好保存。不如将整个洋葱切成薄片或梳形块，放入保鲜袋内保存，更加方便。

酱炒洋葱
金枪鱼

🕐 5分钟　🍳🍳🍳　简单

材料（2人份）
洋葱块 ◆ 1/2个的量
金枪鱼碎肉罐头 ◆ 1罐
蘸面汁（2倍浓缩）◆ 1大勺
熟白芝麻 ◆ 适量
小葱段 ◆ 适量

做法
　　平底锅内倒入金枪鱼碎肉罐头的油，加热后放入洋葱块炒软，加入金枪鱼碎肉，倒入蘸面汁调味。装盘后撒上熟白芝麻和小葱段即可。

使用金枪鱼碎肉罐头的油来煸炒洋葱，激发出醇厚的美味。

快手芝士吐司焗洋葱汤

 🕐 10分钟　🍲 🍲 🍲 简单

洋葱先用微波炉加热，可以缩短熘炒时间。

撒上黑胡椒，味道也非常好！

材料（2人份）
洋葱薄片 ◆ 1撮
培根 ◆ 2片
黄油 ◆ 20克
水 ◆ 600毫升
浓汤宝 ◆ 1块
盐、胡椒 ◆ 各少许
芝士吐司
切片面包 ◆ 1片
芝士片 ◆ 适量
香芹末 ◆ 适量

做法

1 将洋葱放入耐热碗中，盖上微波炉专用保鲜膜，用微波炉600瓦加热5分钟。切片面包上放芝士片烘烤。

2 锅中放入黄油，中火熘炒洋葱薄片和切成1厘米长的培根。加水和浓汤宝，小火煮5分钟，加盐和胡椒调味。装盘后搭配撒了香芹末的芝士吐司即可。

将芝士吐司撕碎放入汤里，就是芝士浓汤的味道。

什锦蘑菇（香菇、蟹味菇、
杏鲍菇、金针菇）

香菇切薄片，蟹味菇掰开，杏鲍菇从中间纵向切成两半，金针菇去根后横向切成两段并抖散。将所有食材放入保鲜袋中混合均匀，就做成了什锦蘑菇，1把约60克。

黄油五彩鲜菇炒玉米

 5分钟  简单

材料（2人份）

什锦蘑菇 ◆ 2把
玉米粒 ◆ 2大勺
橄榄油 ◆ 1大勺
黄油 ◆ 5克
酱油 ◆ 1大勺
日式高汤 ◆ 1/2小勺
香芹末 ◆ 适量

做法

平底锅中倒入橄榄油加热，放入什锦蘑菇和玉米粒，炒软后倒入黄油、酱油和日式高汤调味，翻炒均匀后装盘，撒上香芹末即可。

如果没有玉米粒，只炒什锦蘑菇也可以。

汤鲜味美的锡纸烤鲜菇三文鱼

🕐 20分钟 ◼◻◻ 简单

三文鱼和蘑菇搭配非常合适。

也可以用平底锅来煎烤。

材料（2人份）

三文鱼 ◆ 2块
什锦蘑菇 ◆ 1把
大葱白 ◆ 10厘米的量
柠檬 ◆ 2片
盐、胡椒 ◆ 各少许
料酒 ◆ 1大勺
清高汤 ◆ 1大勺

做法

1 大葱白斜切成薄片。取20厘米左右的锡纸，中间放一块三文鱼，撒盐和胡椒。

2 周围铺上一半的什锦蘑菇和大葱白。淋料酒和清高汤，放一片柠檬，包裹起来。同样的方法做出两份。

3 将两份锡纸鲜菇三文鱼放入烤箱烤七八分钟。

不需要用油，非常健康，请趁热品尝。

西式什锦蔬菜（洋葱、圆白菜、青椒、黄甜椒）

洋葱切半月形，圆白菜切大块，青椒和黄甜椒切成1.5厘米见方的块，混合即可。用不完的青椒或甜椒切成小块后更加便于使用。加上洋葱和圆白菜，非常适合做汤。

什锦蔬菜
小香肠法式锅

🕙 10分钟　　　　　　简单

材料（2人份）

西式什锦蔬菜 ◆ 2把
小香肠 ◆ 4根
土豆（小个）◆ 2个
橄榄油 ◆ 1大勺
水 ◆ 600毫升
浓汤宝 ◆ 1个
盐、胡椒 ◆ 各少许

做法

　　土豆切成4等份，小香肠斜切成段。锅中倒入橄榄油加热，放入西式什锦蔬菜翻炒。倒水，加入浓汤宝、小香肠和土豆，土豆煮软后撒盐和胡椒调味即可。

只需要切一下土豆和小香肠，立刻就能完成。

鸡肉普罗旺斯杂烩

 20分钟 简单

搭配面包非常好吃。 | 做通心粉也很不错。

材料（2人份）

鸡腿肉块 ◆ 250克
西式什锦蔬菜 ◆ 2把
番茄罐头 ◆ 1罐
蒜末 ◆ 1瓣的量
浓汤宝 ◆ 1块
白砂糖 ◆ 2小勺
橄榄油 ◆ 1大勺
盐、胡椒 ◆ 适量

做法

1 鸡腿肉块上撒盐和胡椒，腌制入味。平底锅内倒入橄榄油，放入蒜末，小火煸炒出香味后倒入鸡腿肉，中火翻炒。

2 鸡腿肉变色后加入西式什锦蔬菜翻炒，倒入番茄罐头、浓汤宝和白砂糖后炖煮10分钟。最后撒盐和胡椒调味。

直接使用炸鸡块用的鸡腿肉，无须再切块。

中式什锦蔬菜（圆白菜、胡萝卜、韭菜）

圆白菜切大块，胡萝卜切成5厘米长的薄片，韭菜切成5厘米长的段，这样很快就能做出炒菜。前一天事先准备好，第二天就非常轻松了。1把约100克。

 15分钟　🍳🍳🍳　简单

材料（2人份）

中式什锦蔬菜 ◆ 1把
鸡肝 ◆ 200克
蒜片 ◆ 1瓣的量
香油 ◆ 1/2大勺

A

鸡精 ◆ 1小勺
蚝油 ◆ 1½勺
黄酒（或料酒）◆ 1大勺
酱油 ◆ 1小勺

准备

· 盆中放入鸡肝和少许盐（材料外），充分搓揉，用流水反复清洗干净。最后用清水（或牛奶）浸泡10分钟左右。

做法

1 鸡肝沥干水分，放入材料A搅拌均匀。

2 平底锅内倒入香油加热，将蒜片翻炒出香味后倒入鸡肝翻炒变色，加入中式什锦蔬菜，中火翻炒至蔬菜变软，加入腌制鸡肝的材料A，翻炒均匀即可。

吃不够的
鸡肝炒
蔬菜

中式五彩蔬菜蒸肉

 15分钟　 简单

可以吃到很多种蔬菜。

也可以直接将平底锅端上桌。

材料（2人份）

中式什锦蔬菜 ◆ 1把
绿豆芽 ◆ 100克
猪五花肉薄
片 ◆ 150克
料酒 ◆ 2大勺
盐、胡椒 ◆ 各少许
熟白芝麻 ◆ 少许

A

| 橙醋 ◆ 2大勺
| 香油 ◆ 1大勺

做法

1 平底锅内放入中式什锦蔬菜和绿豆芽，铺上猪五花肉薄片，放料酒、盐和胡椒。

2 盖上锅盖，中火蒸七八分钟，让肉片熟透。

3 装盘后撒上熟白芝麻，淋材料A即可。

无须加工，只需要用平底锅蒸煮，是一款非常简单省时的料理。

需要费工夫烹饪的料理，
巧用"常备菜"

工作日时，我们的料理时间一般控制在20分钟左右，虽然很想增加蔬菜的种类，但是不得不避免使用那些难以煮熟、需要花时间烹饪的蔬菜。为了吃到更多的蔬菜又无须花费太多时间，于是我们想出了"常备菜"的创意。我们经常使用常备的炒洋葱末，觉得非常方便。

"虽然洋葱经过充分翻炒会增加自然的甘甜，但是在工作日时很难有充裕的时间来完成。如果在稍空闲时事先做好'常备菜'，即便是在晚归的日子，想做汉堡肉饼或泰式炒饭也能很轻松。"达也说。

食材丰富的肉片汤，转眼就大功告成！

常备菜就
交给我吧。

时间充裕时，
多做一点儿。

常备炒根菜和洋葱

将莲藕、胡萝卜和牛蒡切滚刀块，然后一同翻炒。洋葱切末，翻炒至透明。炒洋葱时用橄榄油，炒根菜时用香油。冷却后冷藏或冷冻保存即可。

　　还推荐一款用莲藕、胡萝卜和牛蒡做成的常备根菜。应季时会想着每种都能尝上一点儿，但是想要做得好吃，就需要削皮，还要焯水，更不用说煮到软烂需要花费的时间了。在想出常备菜这个创意前，我们一直都很少用到这些食材。

　　"我们比较喜欢有口感的蔬菜，以丰富的根菜为主食材的肉片汤或筑前煮都是我们的最爱。但市面上销售的水煮根菜成品口感和口味都不佳，要想好吃还是要靠自己动手做。在舒适的家庭氛围中，品尝起来更显美味。"筱说。

可别忘了常备菜中
要用的胡萝卜。

我们对根菜的喜爱也体现在了创新菜谱上，比如在泰式罗勒炒饭中加入莲藕。取半截莲藕，剁碎后加入肉末，另一半切薄片作搭配，这样可以同时品尝到两种口感。常备菜不仅限于日式料理中使用，在此将介绍一款无须炖煮、根菜丰富的咖喱。

　　"由于根菜较难煮软，切了之后总是显得量很多。我们抱着试一试的想法制作了常备菜，没想到比想象的还好用，还可以避免用不完所造成的浪费。"达也说。

　　常备菜也可以冷冻，在繁忙的时候是非常有用的食材，推荐储备一些。

要说炒菜，我可是高手，非常厉害哦！

满满肉汁的汉堡肉排

常备炒洋葱

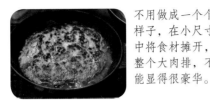

不用做成一个个小肉饼的样子，在小尺寸的平底锅中将食材摊开，煎烤成一整个大肉排，不用费事就能显得很豪华。

 15分钟　　 简单

材料（2人份）

猪、牛肉混合肉馅 ◆ 200克
西蓝花 ◆ 1/4个
色拉油 ◆ 1小勺

A

　常备炒洋葱 ◆ 3大勺
　鸡蛋 ◆ 1个
　面包粉 ◆ 2大勺
　牛奶 ◆ 1½大勺
　盐、胡椒 ◆ 各少许
　肉豆蔻 ◆ 少许

番茄黄芥末酱

番茄沙司 ◆ 2大勺
颗粒黄芥末酱 ◆ 1大勺
伍斯特郡酱 ◆ 2小勺

做法

1 保鲜袋内放入混合肉馅，充分揉捏至颜色发白，放入材料A继续揉捏。西蓝花分成小朵。

2 平底锅内倒入色拉油加热，放入肉馅，摊平后中火煎至上色，翻面，在锅边放上西蓝花，盖上锅盖一同煎烤。

3 煎至肉馅断生后将混合好的番茄黄芥末酱倒入即可。

用竹扦插入肉中，若流出混浊的肉汁就说明熟了。

直接连锅端上桌，分着吃。　使用保鲜袋就不会弄脏手，也减少了需要洗涤的物品。

时间充裕时将洋葱切末，做成常备炒洋葱，这样在工作日做饭就会变得很轻松。还可以冷冻起来，请务必尝试一下。

正宗泰式罗勒炒饭

 15分钟　　　　中等

材料（2人份）

米饭 ◆ 2碗
鸡肉馅 ◆ 250克
常备炒洋葱 ◆ 3大勺
红、黄甜椒 ◆ 各1/4个
青椒 ◆ 1个
香菇 ◆ 2个
蒜 ◆ 1瓣
红辣椒 ◆ 1个
罗勒 ◆ 5~6片
鸡蛋 ◆ 2个
盐、胡椒 ◆ 各少许
色拉油 ◆ 适量

A

> 鱼露 ◆ 1大勺
> 蚝油 ◆ 1大勺
> 甜辣酱 ◆ 1小勺
> 盐、胡椒 ◆ 各少许

做法

1 鸡肉馅上撒盐和胡椒。甜椒、青椒、香菇切块，蒜切末，红辣椒去籽。

2 平底锅内放入稍多的色拉油加热，将鸡蛋煎成荷包蛋后取出。

3 擦去平底锅中多余的油，放入1小勺色拉油，倒入蒜末和红辣椒，小火煸炒出香味后倒入鸡肉馅、常备炒洋葱、甜椒、青椒和香菇翻炒均匀。炒至鸡肉馅变色后倒入材料A，放入罗勒（留2片装饰用）翻炒均匀。

4 将米饭和步骤3的材料盛盘，盖上荷包蛋。根据个人喜好点缀香菜、罗勒和柠檬即可。

真好吃，甘拜下风！

这是在泰国旅行时，从市场大妈那里学来的做法。

甜辣酱是味道的主角。可以根据个人喜好点缀香菜、罗勒和柠檬。和半熟鸡蛋搅拌在一起后品尝。

豆香咖喱炒饭

材料（2人份）

米饭 ◆ 2碗
姜末 ◆ 1小勺
蒜末 ◆ 1小勺
橄榄油 ◆ 适量
生菜、柠檬、香芹
末 ◆ 各适量

A

猪肉馅 ◆ 200克
什锦豆 ◆ 1罐
常备炒洋葱 ◆ 2大勺
咖喱粉 ◆ 2大勺

B

浓汤宝 ◆ 1块
番茄沙司 ◆ 1大勺
伍斯特郡酱 ◆ 1大勺
水 ◆ 150毫升

 15分钟

中等

做法

1 平底锅中倒入橄榄油，用小火将蒜末和姜末煸炒出香味，加入材料A，大火翻炒。

2 加入材料B翻炒至收汁后倒入米饭，翻炒均匀。

3 盛盘后搭配生菜和柠檬，撒上香芹末即可。

连刀都不需要，就做成了咖喱炒饭。

无须炖煮的
根菜猪肉咖喱

常备炒根菜

🕐 20分钟

🍲 🍲 🍲 中等

材料（2人份）
米饭 ◆ 2碗
常备炒根菜 ◆ 200克
猪肉片 ◆ 200克
料酒 ◆ 1大勺
盐、胡椒 ◆ 各少许
蒜末 ◆ 1瓣的量
姜末 ◆ 1指尖
日式高汤 ◆ 1小勺
咖喱块 ◆ 3~4盘份
水 ◆ 600毫升
色拉油 ◆ 适量

时间不充裕时，果然还是咖喱做起来方便。

有了根菜和日式高汤，咖喱的味道超级鲜美。

做法

1 猪肉片用料酒、盐和胡椒揉搓片刻，入味。

2 锅中倒入色拉油，用小火将蒜末和姜末煸炒出香味后倒入猪肉片，中火翻炒变色后加入常备炒根菜、水和日式高汤。

3 汤汁沸腾后关火，放入咖喱块，待其化开后用中火煮10分钟至汤汁浓稠。盘中盛入米饭，浇上咖喱即可。

因为根菜已经炒熟，所以无须再花时间炖煮。短时间内就能做出食材丰富的日式口味咖喱了。

快手筑前煮

15分钟

简单

材料（2人份）

常备炒根菜 ◆ 200克
鸡腿肉（炸鸡块用）
◆ 200克

调味料

料酒 ◆ 1大勺
盐、胡椒 ◆ 各少许
蘸面汁（2倍浓缩）◆ 2大勺
水 ◆ 200毫升
色拉油 ◆ 适量

做法

1 鸡腿肉用调味料揉搓片刻，腌制入味。

2 平底锅内倒油加热，将鸡腿肉煎至两面金黄后放入常备炒根菜。

3 倒入水和蘸面汁后翻炒入味即可。

> 不用再花时间切菜，能迅速完成的筑前煮。

根菜肉片汤

10分钟

简单

材料（2人份）

常备炒根菜 ◆ 150克
猪肉片 ◆ 150克
高汤包 ◆ 1袋
水 ◆ 600毫升
味噌 ◆ 2大勺
香油 ◆ 1小勺
小葱末 ◆ 少许

我没放七味辣椒粉，也没放香油。

我放了七味辣椒粉和香油提鲜。

做法

锅中倒入香油加热，放入猪肉片煸炒，加入常备炒根菜一同翻炒。倒入水和高汤包炖煮，加入味噌。装盘后撒上小葱末即可。

照烧
鸡腿肉
200 克

"事先腌制"是
省时的关键

　　早上迅速准备一下，晚上只需煎炸即可。准备工作并不需要花费太多时间，放入冰箱，等回家时食材也已入味，这样就会觉得轻松不少。在我们都忙得不可开交、无法仔细选购食材时，只要想到家中已有了"腌制食材"，马上就安心了。

　　"腌制"只需将肉或鱼同调料放入保鲜袋即可，是非常简单的备菜方法。因为实在是太简单了，这已经成为我们工作日的主要备菜方式了。将肉切块，可用于制作炸鸡块、烤肉等，或使用鱼肉、生鱼片，这样连改刀的时间都省了。而且将食材放入保鲜袋，稍揉捏就完成了准备工作，双手都干干净净的。"牛肉和猪肉会因为腌制时间过

就算加班也不担
心！有腌好的烤
鸡肉吧？

只要煎一下就行
了，买些做沙拉的
番茄和配菜就好。

烤鸡用
鸡腿肉 1 块

金枪鱼盖饭用 100 克

金枪鱼稍微腌一下就可以了。

久而肉质变硬，因此肉类的腌制时间以一两天为宜。早上腌制、晚上使用，或前一晚腌制、第二天晚上使用。在想喝啤酒的时候，烤鸡肉可是让人食指大动的下酒菜。"达也说。

在食材促销时可以多买一些，用不同口味的调味料腌制，拌上咸米曲或韩国辣白菜冷冻起来。想吃的日子将它早上从冷冻室移到冷藏室，或回家后直接和袋子一起解冻。

说到鱼肉，我们经常使用的是金枪鱼，将生鱼片拌上酱汁，腌制10分钟即可，是一款超级简单的快手菜。到家后马上准备，利用料理的空隙时间就能完成了。

牛肉饭用 250 克

和调味料一起拌匀就行，特别简单。

炒牛肉 250 克

猪排 2 块

"常常会有这样的情况，想吃炸鸡时将鸡肉买回来，打开冰箱却发现还有以前剩余的食材。这时，腌制食材就显得非常方便。将肉裹上咸米曲，作为第二天的主菜即可。如果专门准备一个腌制食材的冷冻抽屉，那么看到多余食材的郁闷就能转变成'又可以做新菜'的热情了。"筱说。

　　任何菜品都只需要从保鲜袋中取出，用平底锅煎烤，省时省力。"腌制食材"绝对是工作繁忙但又希望能在家用餐的人的"大救星"。

一碗就满足的温泉蛋牛肉饭

腌牛肉

🕐 10分钟 *腌制时间除外  简单

材料（2人份）

米饭 ◈ 2碗

牛肉片 ◈ 250克

洋葱片 ◈ 1个的量

温泉蛋 ◈ 2个

高汤 ◈ 300毫升

红姜丝 ◈ 适量

A

 酱油、味酥 ◈ 各2大勺

 白砂糖 ◈ 1/2大勺

 姜末 ◈ 1/2小勺

准备

· 将牛肉片、洋葱片和材料A放入保鲜袋中揉搓片刻，然后放入冰箱保存，可冷藏约两天。

做法

1 锅中倒入高汤，中火加热至沸腾后倒入事先腌制的牛肉片、洋葱片和调味料，撇去浮沫，稍煮片刻。

2 碗中盛入米饭，将步骤1的材料浇在米饭上，搭配红姜丝和温泉蛋。

一定要尝试一下用微波炉就能做的温泉蛋。

在家吃的牛肉饭可以用牛肉块制作。

可以搭配盖饭、面条或沙拉，用微波炉马上就能做好。

微波炉制作温泉蛋的方法

在碗中放入鸡蛋，表面加少许水，用牙签在蛋黄上戳几个小洞。

盖上微波炉专用保鲜膜，微波炉600瓦加热30秒，根据生熟度反复加热几次，每次10秒。

蛋清熟透后将鸡蛋取出，倒掉清水。

为了保持肉片鲜嫩，稍微煮一下即可，以免煮老。

虽然温泉蛋的样子不是特别漂亮，但多了一款配菜，也让人很惊喜。

啤酒的最佳搭档！印式烤鸡

 10分钟
*腌制时间除外

简单

腌鸡肉

材料（2人份）

鸡腿肉（炸鸡块用）◆ 300克
色拉油 ◆ 适量

A

原味酸奶 ◆ 3大勺
番茄沙司 ◆ 2大勺
蒜泥 ◆ 1瓣的量
姜泥 ◆ 1指尖
咖喱粉 ◆ 2小勺
白砂糖 ◆ 1小勺
盐 ◆ 1/3小勺
胡椒 ◆ 少许

准备

· 将鸡腿肉和材料A放入保鲜袋，搓揉片刻后放入冰箱保存，可冷藏约两天。

做法

1 平底锅内倒入色拉油，中小火加热后鸡皮朝下放入腌好的鸡腿肉和调味料。

2 煎至鸡腿肉变金黄色后翻面，盖上锅盖，小火继续煎三四分钟，直至鸡肉熟透。

3 装盘，搭配喜爱的蔬菜即可。

推荐用切成块的番茄和柠檬薄片搭配。

使用酸奶可以让肉质更加柔软。

让食欲大增的咖喱口味，啤酒的最佳搭档。

咸米曲厚煎猪排
配黄油土豆

让厚煎猪排变得柔嫩无比。

黄油土豆的做法

腌猪排

材料（2人份）
土豆 ◆ 2个
黄油 ◆ 5克
盐、胡椒 ◆ 少许
香芹碎 ◆ 少许

做法
　　土豆去皮，切成大小适中的块，焯水后放入耐热玻璃碗中，盖上微波炉专用保鲜膜，用微波炉600瓦加热三四分钟。取出后加入黄油、盐、胡椒和香芹碎，搅拌入味即可。

 10分钟 *腌制时间除外

简单

材料（2人份）
厚猪里脊肉排 ◆ 2片（300克）
咸米曲 ◆ 2大勺
色拉油 ◆ 1大勺

A

番茄沙司 ◆ 2大勺
伍斯特郡酱 ◆ 2大勺
蒜泥 ◆ 1/4 小勺

准备
· 厚猪里脊肉排去筋，放入保鲜袋，倒入咸米曲搓揉片刻，然后放入冰箱保存，可冷藏约两天。

做法
1 平底锅内倒入色拉油加热，放入腌好的厚猪里脊肉排。

2 中小火煎至肉排变成金黄色后翻面，继续煎至上色，擦去多余的油，倒入材料 A 搅拌均匀。

3 装盘，搭配黄油土豆即可。

咸米曲能够激发出食材的鲜美，通过发酵能使肉质变得更柔嫩。采用独特的工艺，将固体的咸米曲制成液体产品，可以广泛用于猪肉、鱼肉的腌制，或作为炖菜、热炒的调料。使用比例约为整体食材重量的10%为宜。

用咸米曲腌制的肉容易煎焦，要特别注意。

厚猪排口感容易发柴，照这样做连里面都非常柔软。

好吃下饭的
炒牛肉

腌牛肉

🕐 10分钟 *腌制时间除外

 简单

材料（2人份）
牛肉片 ◆ 300克
胡萝卜 ◆ 1/4根
韭菜 ◆ 2~3根
大葱 ◆ 1/2根
香油 ◆ 适量
熟白芝麻 ◆ 适量

A

酱油 ◆ $1^1/_2$ 大勺
白砂糖 ◆ 1 大勺
蒜泥 ◆ 1/2 小勺

咸香美味，下饭佐酒均可。

准备

· 胡萝卜切段，韭菜切成三四厘米长。

· 将牛肉片、胡萝卜、韭菜和材料A放入保鲜袋，搓揉片刻后放入冰箱保存，可冷藏约两天。

做法

1 将大葱斜切成片。

2 平底锅内倒入香油加热，将腌好的牛肉片、蔬菜和调味料一同翻炒。牛肉变色后加入大葱，炒至断生。

3 装盘后撒上熟白芝麻即可。

使用薄牛肉片就足够了。

香油让整盘料理香飘四溢。

照烧煎鸡饭

腌鸡肉

用盘子会比用碗装的饭量少一些，但其实足够了。

⏰ 10分钟 *腌制时间除外

🍳🍳🍳 简单

材料（2人份）
米饭 ◆ 2碗
鸡腿肉（炸鸡块用）◆ 400克
色拉油 ◆ 适量
海苔碎、生菜 ◆ 各适量

A
| 酱油、料酒、味醂 ◆ 各2大勺
| 白砂糖 ◆ 1大勺
| 蒜泥、姜泥 ◆ 各1/3小勺

准备
· 将鸡腿肉和材料A放入保鲜袋，搓揉片刻后放入冰箱保存，可冷藏约两天。

做法
1 平底锅内倒入色拉油加热，放入腌好的鸡腿肉和调料，煎至两面上色并收汁，让肉色泽油亮。

2 盘中盛入米饭，撒海苔碎，放入步骤1的材料并搭配生菜即可。

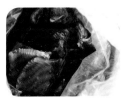

腌金枪鱼

山药金枪鱼盖饭

加点儿山药做
成盖饭。

用买的生鱼片
就行吧？

🕐 10分钟 *腌制时间除外

🥄🥄🥄 简单

材料（2人份）

米饭 ◆ 2碗

金枪鱼生鱼片 ◆ 200克

山药 ◆ 10厘米

寿司醋 ◆ 1小勺

海苔碎、绿芥末 ◆ 各适量

酱油 ◆ 适量

A

| 酱油、料酒、味醂 ◆ 各2
| 大勺

准备

· 将材料A倒入耐热玻璃碗中，无
须盖保鲜膜，用微波炉600瓦加
热1分钟后取出冷却（若有时间可
彻底放凉）。

· 将金枪鱼和材料A放入保鲜袋，
放入冰箱冷藏10分钟，不宜保存。

做法

1 米饭用寿司醋搅拌均匀。

2 山药去皮后放入保鲜袋中，
用擀面杖敲打成山药泥。

3 餐具中盛入醋饭，放上腌
好的金枪鱼、山药泥、海苔碎，
搭配绿芥末，根据个人喜好
淋酱油即可。

千变万化，自由百搭！
事先制作的"肉酱"

只需多加一点儿便可让满足感加倍，制作这样的肉酱，是因为我曾看过一本正宗中式料理的菜谱书。

"一直很喜欢中餐，想好好学习一下。在寻找专业书籍时，我看到一本记载了各种肉酱做法和如何使用肉酱搭配出创新菜肴的书，当时就觉得这会非常方便，同时了解了各种酱的种类以及加入的时机，越读越觉得奥妙，被深深吸引住了。"达也说。

但是，照着书中的菜谱做了几次后，仍然觉得很难成为适合自己的菜肴。

好了，开始吧！肉酱就由达也负责。

只要冰箱里有肉酱，就可以用来做炒饭、炒面的浇头，它可帮了大忙！

肉酱

 10分钟

简单

材料（易做的量）
猪肉馅 ◆ 400克
葱白 ◆ 1/2根
蒜 ◆ 1瓣
姜 ◆ 1指尖
香油 ◆ 1小勺
豆瓣酱 ◆ 1/2小勺
A
> 味噌 ◆ 3大勺
> 酱油 ◆ 2大勺
> 料酒（最好是绍兴酒）◆ 2大勺
> 蚝油 ◆ 1大勺
> 白砂糖 ◆ 1大勺

做法

1 葱白、姜白、蒜切末。将材料A拌匀。

2 平底锅内倒入香油，放入姜末和蒜末，小火煸出香味后加入豆瓣酱和葱末，翻炒至葱末断生。

3 加入猪肉馅，炒至变色后加入材料A，翻炒至水分收干即可。

"平时餐桌上大多都是日式料理，虽然想使用这些肉酱来搭配，但是怎么搭配都透出了一股中餐的味道。我试着增减常用的调料，反复尝试，终于做出了接近日式风味的肉酱。"达也说。

加入蚝油、酱油或姜的升级版肉酱也非常受欢迎，味道浓厚、百吃不厌，实用性很强。

在我家冰箱里，大葱和肉酱都是必备品。

"书中会介绍我家常吃的韩式拌饭和麻婆豆腐，还可以用肉酱来搭配咖喱、拌饭、沙拉，什么都能够搭配创新。连装肉酱的饭盒中留下的底油都可以用来炒日式口味的通心面，非常好吃。"筱说。

　　我们一般会在比较空闲的晚上制作肉酱。一次做好两三顿的量并保存起来。在猪肉馅促销时买上600克，其中200克用于当天的晚餐，剩下的就都做成肉酱。凭借天马行空的创新做成的特制肉酱拓展了料理的思路，想在日常的料理中加入更加丰富的味道时，请一定不要错过它。

简直就是制作快手菜的法宝！

三色韩式蔬菜拌饭

⏱ 15分钟

🍳🍳🍳 中等

材料（2人份）

米饭 ◆ 2碗
肉酱 ◆ 适量
红甜椒 ◆ 1/2个
菠菜 ◆ 2~3棵
金针菇 ◆ 1/2袋
蛋黄 ◆ 2个
香油 ◆ 1大勺
蒜泥 ◆ 1/3小勺
熟白芝麻 ◆ 适量
韩式辣椒酱（根据个人喜好）◆ 适量

A

　香油 ◆ 2小勺
　鸡精 ◆ 1小勺
　蒜泥 ◆ 1/4小勺
　盐、胡椒 ◆ 各少许

做法

1 将菠菜和金针菇切成三四厘米的长段，放入耐热玻璃碗中，盖上微波炉专用保鲜膜，用微波炉600瓦加热两三分钟，取出后冷却，沥干水分。

2 将红甜椒切薄片，与材料A、菠菜和金针菇搅拌均匀，做成拌蔬菜。

3 平底锅内倒入香油加热，放入蒜泥煸炒。倒入米饭炒匀后用锅铲按压平整，当锅底煎出锅巴后关火。

4 在米饭上放肉酱，铺上拌蔬菜，在中间放入蛋黄，撒上熟白芝麻。全部搅匀后盛盘，根据个人喜好添加韩国辣椒酱即可。

锅巴的焦香扑鼻而来，真是太好吃了！

把多余的肉酱放入味噌汤中，滋味妙不可言。

把整个平底锅端上桌，更显气势。拌匀后美美地享受一番。

秋葵麻婆豆腐

🕐 15分钟

 中等

材料（2人份）

肉酱 ◆ 200克

木棉豆腐 ◆ 1块（300克）

秋葵 ◆ 5~6根

葱白 ◆ 10厘米

蒜 ◆ 1瓣

姜 ◆ 1指尖

豆瓣酱 ◆ 1大勺

香油 ◆ 1大勺

水淀粉 ◆ 淀粉1小勺+水1大勺

A

> 鸡精 ◆ 1小勺
>
> 水 ◆ 200毫升
>
> 酱油 ◆ 1大勺
>
> 醋 ◆ 1小勺

在麻婆豆腐中添加时令蔬菜，不但令菜肴色彩缤纷，而且提高了营养价值。

做法

1 豆腐切大块，放入耐热容器中，盖上微波炉专用保鲜膜，用微波炉600瓦加热1分30秒，沥干水分。

2 葱白、姜、蒜切末。秋葵去蒂，撒少许盐（材料外），在案板上滚动搓揉后斜切成段。

3 平底锅内倒入香油加热，放入葱、姜、蒜和豆瓣酱煸炒出香味，加入肉酱、豆腐和材料A，煮至豆腐入味，再放入秋葵煮至断生，最后倒入水淀粉勾芡即可。

只要有肉酱，一转眼就能做出正宗的麻婆豆腐。

吃的时候还可以根据个人喜好淋辣椒油，撒花椒。

作料的长期保存方法

只需稍用一些作料就能增加料理的香味，根据类别冷藏保存，保存期限按一周为宜。

香葱

在保存容器中铺一张厨房用纸，放入切好的香葱，将两边的厨房用纸往中间折叠并盖住香葱，盖上容器盖，放入冰箱冷藏。

姜

在保存容器中放入姜片和一两个红辣椒，加水让其完全浸入水中，盖上容器盖，放入冰箱冷藏。

紫苏叶

在厨房用纸上铺开，避免重叠，将纸折叠，夹住紫苏叶，放入保鲜袋并扎紧袋口，放入冰箱冷藏。

PART 3

5分钟上桌的
超快手小菜

罐头小菜就
交给我吧！

只要有罐头，
马上就能"再加一个菜"

　　想要高效制作出小菜，用罐头特别方便。我们用得最多的当数金枪鱼碎肉罐头了，青花鱼、各类豆子、玉米、番茄罐头的囤货率也很高，都是采购清单上不可缺少的必备品。

　　"说到金枪鱼碎肉，总是令人联想到作为饭团的配料使用，其实做菜时放一些，马上就能体现出它的万能和方便了。想再加一个菜时，在油豆腐或嫩豆腐上淋酱油，或是番茄上淋沙拉酱之类的，总显得有些单调。打开一个金枪鱼碎肉或青花鱼罐头，再撒上冰箱里冷藏的紫苏叶或切好的葱花，只要花5分钟，立刻就能端上一盘色香味俱

家里还有青花
鱼罐头吧？

佳的小菜了。"筱说。

金枪鱼碎肉与竹笋、苦瓜等时令
蔬菜组合，无论配米饭还是面条都非常适
合，不用再为搭配而烦恼了。另外，只需在金
枪鱼碎肉中加入少许盐调味，就能简单地做出蛋白质充足的小菜，不
由得让人经常想回购。

"油渍金枪鱼碎肉中的油不要都撇掉，这样会令味道更好。我觉
得油中凝聚了鱼的鲜味，扔掉太可惜了，可以在烹饪中灵活使用。在

做炒饭或炒面时，用这个油来煸炒蒜或洋葱，配上金枪鱼碎肉，不会太油腻，反而变得醇厚且味美。"达也说。

罐头的使用方法和新鲜食材一样，将罐头豆子和玉米加入沙拉中，能够丰富口感和色彩，罐头番茄可以有效缩短制作意大利面酱料或普罗旺斯烩菜的时间。

"无论是主食、主菜还是小菜都能使用，可以说罐头简直就是一个万能'小帮手'"筱说。

不管平时是否经常使用，罐头都是不可或缺的安心食材，请一定要购买一些，这可是筱最推荐的。

平时忙碌的日子里，做饭可真少不了这些罐头食品。

金枪鱼
碎肉
罐头

焦香扑鼻的
迷你金枪鱼
味噌油豆腐

🕐 5分钟　　▮▮▯▯▯　简单

使用金枪鱼碎肉做成的一款
令人欣喜的小菜，细细的葱花增
添了一抹绿色。

材料（2人份）

金枪鱼碎肉罐头 ◆ 1罐
油豆腐 ◆ 1块
芝士片（拉丝型）◆
2片
小葱末 ◆ 适量
A

　味噌 ◆ 2大勺
　白砂糖 ◆ 1大勺
　料酒 ◆ 1/2大勺
　酱油 ◆ 1小勺

金枪鱼太鲜美了。　　让人不禁想喝酒。

做法

1 将金枪鱼碎肉稍微沥去一些油，和材料A
搅拌均匀。

2 油豆腐切成适口大小，放上芝士片，用烤箱
稍烘烤至焦黄色。

3 装盘后撒上小葱末即可。

水煮青花鱼罐头

青花鱼橙醋拌豆腐

🕐 5分钟　🥄🥄🥄　简单

用水煮青花鱼罐头加上一些香辛料，味道清爽。豆腐用了绢豆腐。

蔬菜让整道菜清淡爽口。

青花鱼罐头味道真不错。

材料（2人份）
水煮青花鱼罐头 ◆ 1罐
绢豆腐 ◆ 2块
紫苏叶 ◆ 5片
蘘荷 ◆ 2个
姜 ◆ 1指尖
小葱葱花 ◆ 3根
橙醋 ◆ 适量

做法
 1 紫苏叶、蘘荷、姜切丝。

2 沥干水煮青花鱼罐头的汁水，倒入碗中捣碎，和蘘荷、姜充分搅拌后撒上紫苏叶，轻轻拌匀。

3 嫩豆腐装盘，放上步骤2的材料，撒上葱花，食用时淋橙醋即可。

金枪鱼碎肉罐头

番茄拌金枪鱼

 5分钟　🥄🥄🥄 简单

使用金枪鱼碎肉罐头和蘸面汁，简简单单，只要切一下番茄就完成了。

材料（2人份）
番茄 ◆ 2个
金枪鱼碎肉罐头 ◆ 1罐
熟白芝麻 ◆ 适量

A
蘸面汁（2倍浓缩）◆ 1大勺
香油 ◆ 1小勺
盐、胡椒 ◆ 各少许

推荐使用油渍金枪鱼碎肉罐头。

用冰镇番茄口味更佳。

做法
1 将番茄切成适口大小。

2 将金枪鱼碎肉稍微沥去一些油，放入大碗中，倒入材料A搅拌，放入番茄拌匀。

3 装盘，撒上熟白芝麻即可。

香油高手！

超级好用的香油。
装盘时淋一圈，增香开胃

连朋友们都说，我们俩绝对是香油的"铁杆粉丝"。

"朋友们总说，什么食物达也都会放香油，整个餐桌都被香油的香味所笼罩。"筱说。

"已经记不清是从什么时候开始的，也许是因为太喜欢中式炒菜了吧。一边尝一边做，总觉得缺了些什么的时候，我立刻就会拿出香油，稍稍淋一圈，不但香气浓郁，更增添了舌尖上的鲜美。"达也说。

不知不觉中，喜欢香油的我们开始对各种品牌的产品从煎焙压榨的方法、浓度和风味等不同方面进行比较，最后挑选了在香气和口味

我的身边总有香油随时待命！

上都适合自己的"MARUHON牌香油"。当然其他品牌的产品也各有千秋，我们会根据不同情况来使用，并非一成不变，而是按照食材、烹饪方法来挑选最适合的一款产品。不仅是炒菜，在拌沙拉、做汤和火锅时都会经常使用它，不会拘泥于料理的类型。

"用小火煸蒜时，使用一般的食用油会过于油腻，所以需要减少油的用量，最后出锅前淋一圈香油。其实原因很简单，就是单纯地喜欢那个香味。一滴香油就能香飘四溢，无论如何我都抗拒不了那最后增香的气味。"达也说。

"比起香油，我更喜欢芝麻。我和达也差不多，装盘后经常撒上些熟的白芝麻。但是自从达也给料理淋香油后，确实每天的菜都有鲜味倍增的感觉。看似平淡无奇的菜肴一下子就提升了香味。在想要增香提味时，香油是一款不会令人失望的调料。"筱说。

　　无须多费工夫，增香提鲜的"最后一淋"是达也的特别推荐。

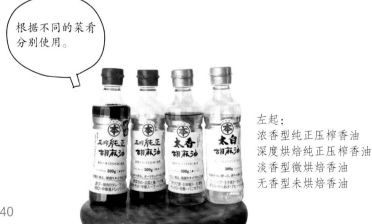

根据不同的菜肴分别使用。

左起：
浓香型纯正压榨香油
深度烘焙纯正压榨香油
淡香型微烘焙香油
无香型未烘焙香油

白菜海苔蒜香沙拉

 5分钟 　🥄🥄🥄　简单

也可以使用圆白菜或生菜。

材料（2人份）
白菜 ◆ 3~4片
葱白丝（见P85）
　◆ 1/2根的量
烤海苔 ◆ 适量
熟白芝麻 ◆ 适量
A
　蒜泥 ◆ 适量
　香油 ◆ 2小勺
　酱油 ◆ 2小勺
　盐、胡椒 ◆ 各少许

白菜甘甜美味！　　白菜冰镇之后也很不错。

做法
1 将白菜帮切成薄片，菜叶切大块。

2 碗中倒入材料A搅拌，放入白菜和葱白丝，放入撕碎的烤海苔搅拌均匀，撒上熟白芝麻即可。

令人上瘾的章鱼黄瓜辣白菜

 🕐 5分钟　🥄🥄🥄 简单

材料（2人份）

水煮章鱼 ◆ 100克
黄瓜 ◆ 1根

A

辣白菜 ◆ 100 克
香油 ◆ 1/2 小勺
蘸面汁（2倍浓缩）◆ 1小勺

做法

1 将水煮章鱼切块，黄瓜切薄片。

2 碗中放入章鱼和黄瓜，倒入材料A 搅拌均匀即可。

七味香辛毛豆

🕐 5分钟　🥄🥄🥄 简单

如果是生毛豆，要煮熟后使用。

材料（2人份）

毛豆（冷冻）◆ 200克
香油 ◆ 1大勺
盐 ◆ 少许
七味辣椒粉 ◆ 适量

做法

将毛豆按照包装上的说明解冻。沥干水后放入碗中，倒入香油和盐搅拌均匀，装盘后撒上七味辣椒粉即可。

蒜香风味炒青椒

 5分钟  简单

大蒜搭配香油，味道浓郁。

使用蘸面汁，做法简单。 | 夫妻版炒青椒。

材料（2人份）
青椒 ◆ 2~3个
蒜 ◆ 1瓣
香油 ◆ 1小勺
蘸面汁（2倍浓缩）◆ 2小勺
熟白芝麻 ◆ 少许

做法

1 青椒去蒂和籽，切细丝。蒜压成蒜泥。

2 平底锅中倒入香油和蒜泥，小火煸出香味。

3 放入青椒丝翻炒断生，淋一圈蘸面汁，稍翻炒。装盘并撒上熟白芝麻即可。

日式凉拌番茄

🕐 5分钟　🥄🥄🥄　简单

材料（2人份）
番茄 ◆ 2个
洋葱 ◆ 1/4个
紫苏叶 ◆ 2片

A
| 橄榄油 ◆ 2大勺
| 柠檬汁、酱油 ◆ 各2小勺
| 盐、胡椒 ◆ 各少许

做法

1 洋葱切末，浸入水中。番茄切片，将材料A混合拌匀。

2 番茄装盘，洋葱末沥干水后撒在番茄上，紫苏叶撕碎后撒在表面，食用前淋上调味汁即可。

爽口海藻番茄

🕐 5分钟　🥄🥄🥄　简单

材料（2人份）
番茄 ◆ 1个
海藻（含调料包）◆ 2盒
姜 ◆ 1指尖
熟白芝麻 ◆ 适量

做法

1 将番茄切成滚刀块，姜切丝。

2 将海藻和调料包倒入碗中，放入番茄，点缀上姜丝，撒上熟白芝麻即可。

柚香蛋黄酱黄瓜蟹肉棒

 5分钟 简单

材料（2人份）
黄瓜 ◆ 1根
蟹肉棒 ◆ 4根
蛋黄酱 ◆ 1大勺
柚子胡椒 ◆ 1/4小勺

做法

1 黄瓜对半切开后斜切成薄片，蟹肉棒撕成条。

2 碗中放入蛋黄酱和柚子胡椒，放入黄瓜和蟹肉棒，搅拌均匀即可。

芥末橙醋凉拌银鱼拍黄瓜

 5分钟 简单

材料（2人份）
黄瓜 ◆ 1根
银鱼 ◆ 2大勺
橙醋 ◆ 1大勺
芥末 ◆ 适量

做法

1 将黄瓜放入保鲜袋中，用擀面杖敲打成大块。

2 碗中倒入橙醋，放入芥末化开，放入黄瓜和银鱼，搅拌均匀即可。

酱烧茄子
配蛋黄

 5分钟　 简单

如果使用个头比较大的茄子或长茄子，油的用量需增至3大勺。还可根据个人喜好撒上七味辣椒粉。

蛋黄搅散后再品尝。　品尝茄子的香味。

材料（2人份）
茄子 ◆ 2根
紫苏叶 ◆ 4~5片
蛋黄 ◆ 1个
色拉油 ◆ 2大勺
A
　酱油、料酒 ◆ 各1大勺
　味醂、白砂糖 ◆ 各1/2大勺

做法

1 将茄子纵向对半切开，在带皮的一面划格子花刀，再横向切成两段。将材料 A 混合拌匀。

2 平底锅内放油加热，先煎茄子带皮的一面，再用中小火两面煎烤。

3 用厨房用纸擦去多余油，淋一圈材料 A，煮至收汁。装盘后搭配蛋黄，撒上撕成细丝的紫苏叶即可。

微波炉快手
东南亚酱茄子

🕑 5分钟　　▮▯▯　　简单

茄子用微波炉加热即可，注意不要烫伤。

姜末能够刺激味蕾。　　没想到橙醋和鱼露搭配这么合适。

材料（2 人份）

茄子 ◆ 2根
香菜 ◆ 适量

A

橙醋 ◆ 1 大勺
鱼露 ◆ 1/2 大勺
香油 ◆ 2 小勺
姜末 ◆ 1 小勺

做法

1 将材料 A 混合拌匀。

2 茄子分别用微波炉专用保鲜膜包好后，用微波炉 600 瓦加热 3 分钟。然后将茄子纵向撕成条，与调料混合拌匀。

3 装盘后点缀上香菜即可。

蒜香辣味生菜

 5分钟　　简单

毫不费力就能做好的温沙拉。

有多少都能吃掉。　｜　口感脆嫩。

材料（2人份）
生菜 ◆ 1/2个
蒜 ◆ 1瓣
红辣椒 ◆ 1个
香油 ◆ 2小勺
A
　蚝油 ◆ 1小勺
　鸡精 ◆ 1/2小勺
　盐、胡椒 ◆ 各少许

做法

1 生菜撕成大片，蒜切片，将材料A混合拌匀。

2 平底锅中倒入香油，放入蒜和去籽的红辣椒，小火煸炒出香味后倒入生菜，大火翻炒至生菜变软，倒入材料A翻炒均匀即可。

生菜包酥脆馄饨皮肉酱

 5分钟　■□□□□　简单

肉酱自带鲜香，所以无须再放沙拉酱，直接吃就可以。有剩余的馄饨皮或饺子皮时经常做这道菜。

材料（2人份）
生菜 ◈ 1/4个
肉酱（见P124）
◈ 100克
馄饨皮 ◈ 5~6张

A

| 醋 ◈ 2大勺 |
| 酱油、白砂糖 ◈ 各 1大勺 |
| 香油 ◈ 2小勺 |
| 熟白芝麻 ◈ 少许 |

充分搅拌后再品尝。　别把馄饨皮烤焦了。

做法

1 将生菜撕成大小适中的片，馄饨皮用烤箱烤至金黄。

2 盘中铺上生菜叶，放入肉酱，撒上碾碎的馄饨皮，淋上混合均匀的材料A即可。

鲜辣咔咔豆腐

🕐 5分钟　　　简单

材料（2人份）

绢豆腐 ◆ 1块（300克）

小葱葱花 ◆ 适量

A

| 香油 ◆ 2大勺
| 杏仁碎 ◆ 5片的量
| 蒜片 ◆ 1大勺
| 洋葱酥 ◆ 1大勺
| 豆瓣酱 ◆ 少许
| 盐、胡椒 ◆ 各少许

做法

　　将绢豆腐装入碗中。将材料A混合均匀，淋在豆腐上，撒上小葱葱花即可。

材料（2人份）

木棉豆腐 ◆ 1块（300克）

圆白菜 ◆ 1/4个（100克）

鸡蛋 ◆ 2个　盐 ◆ 1撮

蘸面汁（2倍浓缩）◆ 1大勺

木鱼花 ◆ 1撮　香油 ◆ 2小勺

做法

1 将豆腐沥干水后（见P151）切成1厘米见方的块。鸡蛋加盐打散。

2 平底锅里倒香油加热，并排放入豆腐，煎至两面金黄后出锅。

3 在平底锅中放入切大块的圆白菜，翻炒至叶片变软后放入豆腐，倒入蘸面汁和鸡蛋液，迅速翻炒均匀。装盘后撒上木鱼花即可。

豆腐炒圆白菜

🕐 5分钟

简单

牛油果拌豆腐 ⏱ 5分钟 🥄🥄🥄 简单

牛油果的口感和豆腐的味道
融合得恰到好处。

材料（2 人份）

木棉豆腐 ◆ 1块（300
克）

牛油果 ◆ 1个

熟白芝麻 ◆ 适量

芥末酱油 ◆ 适量

A

白芝麻碎 ◆ 1大勺

酱油 ◆ 2 小勺

味噌 ◆ 1 小勺

白砂糖 ◆ 1 小勺

盐 ◆ 少许

淋上芥末酱油再享用。　口感温和。

做法

1 将豆腐充分沥干水分。

2 在碗中倒入材料 A 和豆腐，搅拌均匀。加入切块的牛油果，轻轻搅拌后装盘，撒上熟白芝麻。食用前淋上芥末酱油即可。

豆腐充分沥干水分的方法

豆腐用厨房用纸包裹，放入微波炉，600瓦加热2分钟。取下厨房用纸，沥干水分。

凸显料理的白色餐具

从朝鲜传入日本，被称为"粉引"的白色陶器，简洁的白色，哪怕最简单的料理也能被衬托得让人眼前一亮，是我家的必备餐具。

我们分别去参加活动，竟然不约而同地购买了滋贺县信乐地区古谷制陶所出品的餐具。大气的外形带着温暖的感觉，质朴的色泽无论搭配日式、中式和西式菜肴，都是最理想的餐具。

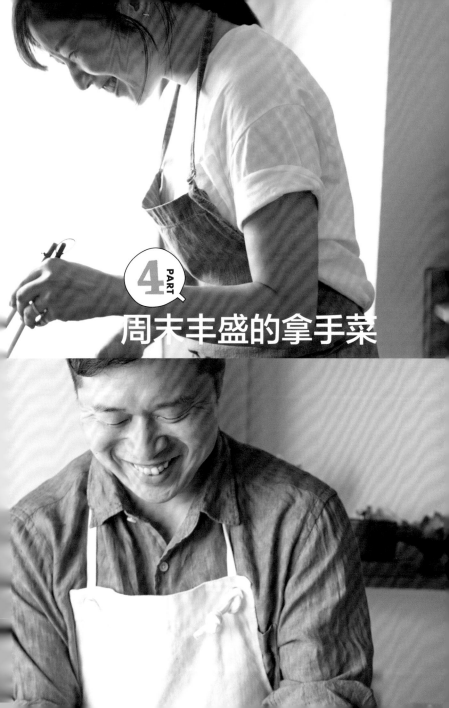

PART 4

周末丰盛的拿手菜

夫妻料理大比拼

　　我们俩从来没试过比赛，不过看到对方做好的菜也会不自觉地想，自己用同样的食材会不会采用同样的做法，面对同样的菜我们经常会有不同的想法。

　　借着这次难得的机会，我们选择了3种熟悉的料理作为主题，进行首次夫妻料理比拼。在第一回合的炒面比拼中，筱将蔬菜、猪肉和调味料的鲜美滋味完美融合在一起，做成了独创的盖浇炒面。

　　"为了让大家吃的时候没有负罪感，我特意在盖浇卤中多加了许多蔬菜。炒面的时候尤其要注意火候，让面条口感软硬适中。"筱说。

　　而达也则在炒面中使用了平时最喜欢的中式调味料——蚝油进行深度调味，将充分炒制的面条与牛肉

平时我们是"甜蜜夫妻搭档"，但是今天绝对不会手下留情！

和蔬菜翻炒均匀，让整道料理更添浓郁的酱香味。

"虽然一般来说，把面条解冻后立刻与其他食材混合翻炒，在操作上会更加容易一些，但其实在这道菜的制作中，此处要更具耐心和技巧。重中之重就是要将面条炒至焦脆，然后与其他食材炒匀。"达也说。

第二回合的主题是火锅。夫妻俩同时选择了用猪肉和蘑菇熬煮的汤底，但风格却各有不同，呈现出了狂野和温和的经典对决。达也在担担锅中加入独创的肉酱。为了配合肉末的口感，他将调味的榨菜也切成适口大小。最后将剩余的汤汁和沉淀于锅底的肉末均匀地拌在热腾腾的米饭上，让人回味无穷，一点一滴都不浪费。

筱则选用了软绵的山药泥搭配适口性极佳的白酱油，并在剩余的火锅汤中加入蛋黄和芝士粉，做成意式培根蛋黄酱乌冬面，为大家展示了其中的制作技巧。

认认真真地
决一胜负！

最终回合二人用拿手的蛋包饭来一决雌雄。

"说到蛋包饭，我倾向于那种用鸡蛋包住米饭的传统做法。做这道菜时，我在蒜香米饭中加入了日式高汤，在奶油酱中加入了明太子，形成一种日式和西式融合的独特风味。"筱说。

"我想在蛋包饭中淋入番茄酱，但考虑到如果将米饭做成鸡肉炒饭，味道会过重，于是将米饭改为了黄油风味。雪白的米饭搭配金黄的鸡蛋和鲜红的番茄，色彩丰富，更加诱人。达也说。

达也在传统蛋包饭的制作基础上加入了独特的创意，而筱则在整体相对柔和的味道中融合了多重风格的口味。最后，在大家投票决定哪道菜更美味的试吃环节中，双方势均力敌、打成平手。结果到底怎么样，还请大家在自家尝试后评判吧。

正因为太熟悉对方的做法和想法了，才更不好对付。

筱VS达也

筷制作
蔬菜盖浇炒面

　　加入多种蔬菜，十分健康。将面条在锅中搅散并翻炒，炒出的面条既有焦香的口感又十分入味，口感丰富，独具特色。

炒面

达也制作
蚝油牛肉炒面

　　真正的炒面就应该是这样的吧，面条翻炒入味，做法十分独特，让人赞叹。再以红姜、青海苔、木鱼花加以装饰，美味翻倍。

🕐 20分钟　　 🍳🍳🍳 中等

开始

材料（2人份）

中式面条 ◆ 2份	花椒粉 ◆ 适量
猪五花肉薄片 ◆ 200克	水淀粉 ◆ 淀粉1小勺+水1大勺
小松菜 ◆ 1把	芥末、醋（按个人喜好）◆ 各适量
胡萝卜 ◆ 1/3根	
香菇 ◆ 2个	**A**
姜 ◆ 1块	鸡精 ◆ 1大勺
蒜 ◆ 1瓣	水 ◆ 200 毫升
料酒 ◆ 1大勺	酱油、蚝油、绍兴酒（或普通料酒）◆ 各1大勺
盐、胡椒 ◆ 各少许	
香油 ◆ 2大勺	

做法

1 将猪五花肉薄片用料酒、盐和胡椒腌制入味。将小松菜切成三四厘米长段，胡萝卜切成细长条，香菇切薄片，姜切丝，蒜拍碎。在中式面条的包装上戳几个小洞，用微波炉 600 瓦加热一两分钟，解冻。

2 平底锅中倒入 1 大勺香油加热，将面条抖散后放入锅中，充分翻炒，可撒入适量花椒粉调味，盛出。

3 将平底锅稍微擦拭干净，倒入 1 大勺香油，将姜和蒜爆出香味后加入猪肉片翻炒变色，将小松菜之外的所有蔬菜都放入锅中一起翻炒，最后放入小松菜稍翻炒。

加入花椒粉，味道更加独特

4 倒入材料 A 稍煮片刻，用水淀粉勾芡。将所有食材淋在面条上即可。还可按照个人口味加入适量芥末醋调味。

160

满满的蔬菜

完成

开始

 15分钟　　 中等

材料（2人份）

中式面条 ◆ 2份

肥牛肉片 ◆ 150克

洋葱 ◆ 1/2个

圆白菜 ◆ 1/4个

豆芽 ◆ 1/2袋

大葱 ◆ 1/8根

姜 ◆ 1块

盐、胡椒 ◆ 各少许

香油 ◆ 1大勺

木鱼花、青海苔、红姜 ◆ 各适量

A

> 料酒 ◆ 2大勺
> 酱油、伍斯特郡酱、蚝油 ◆ 各1大勺

做法

1 将肥牛肉片用盐和胡椒腌制入味，材料A搅拌均匀。洋葱切薄片，圆白菜切段，大葱斜切成薄片，姜切丝。

2 平底锅中倒入香油加热，倒入姜丝翻炒出香味，再依次加入肥牛肉片、洋葱、圆白菜、豆芽和大葱，翻炒均匀后盛出。

3 在中式面条的包装袋上戳几个孔，放入微波炉中，600瓦加热一两分钟解冻。将面条放入平底锅中翻炒至上色。

4 将步骤2中的食材倒回锅中，倒入调料A，不断翻炒，加入适量盐和胡椒调味。盛出后撒上木鱼花、青海苔和红姜装饰即可。

像吃意大利面的样子

完成

163

火锅

达也制作
五花肉肉酱担担锅

将猪五花肉与独家秘制的肉酱（见P124）慢慢
炖煮，制作出一大锅肉量充足的中式火锅。其中一同
炖煮调味的榨菜更是点睛之笔。用剩下的汤泡米饭也
极其美味！

筱制作
蘑菇山药泥白酱油火锅

　　用白酱油打底，再配上鲜美的蘑菇和美味的猪肉，简直就是舌尖上的享受，绵软浓稠的山药泥更能凸显日式火锅的风味。用剩下的汤做成意式培根蛋黄酱拌乌冬面。

材料（2～3人份）

肉酱（见P124）◆ 200克

猪五花肉薄片 ◆ 200克

菠菜 ◆ 1袋

白菜 ◆ 1/8个

豆芽 ◆ 1袋

杏鲍菇 ◆ 3个

金针菇 ◆ 1袋

香菇 ◆ 3个

蒜 ◆ 1瓣

榨菜 ◆ 100克

水 ◆ 800毫升

香油 ◆ 适量

辣椒油 ◆ 适量

A

│ 蘸面汁（2倍浓缩）◆ 3大勺

│ 白芝麻碎 ◆ 3大勺

│ 味噌 ◆ 2大勺

│ 中式高汤 ◆ 1大勺

准备

做法

1 将菠菜和白菜切成适口小段，杏鲍菇纵向撕开，金针菇去根，香菇切薄片，蒜和榨菜剁碎。

2 锅中倒入香油加热，放入蒜末爆香，倒入水和材料A煮沸，将步骤1中的蔬菜、豆芽和猪五花肉薄片一同放入锅中，快煮熟时放入肉酱和榨菜。按个人喜好淋适量辣椒油即可。

 20分钟

 简单

继续利用

达也 非常推荐。吃完火锅后正好可以将汤汁再利用的极致美味。

在米饭上淋汤汁和各种食材，撒上小葱花，做成超级好吃的火锅汤泡饭。

材料（2～3人份）

山药 ◆ 15厘米（400克）
鸡蛋 ◆ 1个
猪肉片（涮火锅用）◆ 200～
300克
白菜 ◆ 1/4个
小松菜 ◆ 2把
大葱 ◆ 1/2根
杏鲍菇 ◆ 2～3个
香菇 ◆ 2个
水 ◆ 800毫升
盐 ◆ 少许
白酱油 ◆ 100毫升
柚子皮碎 ◆ 适量

做法

1 将白菜切成大块，小松菜切成
4厘米长的段，大葱斜切成薄片，
杏鲍菇纵向掰开，香菇切薄片。

2 将鸡蛋的蛋黄和蛋清分开。山药
磨成泥，放入适量盐和蛋清，搅拌
均匀。

3 锅中放入水和白酱油，搅拌均匀
后依次放入白菜、小松菜和所有蘑
菇，煮沸后加入猪肉片和大葱炖煮。

4 食用前倒入山药泥，可以在出锅
前点缀适量柚子皮碎。

准备

🕒 15分钟

  中等

继续利用

用剩余的蛋黄制作意式培根蛋黄酱拌乌冬面。将乌冬面放入剩余的汤汁中搅拌均匀，继续加热。加入蛋黄、芝士粉、黑胡椒、橄榄油和小葱花。

筱 想吃这道菜时马上就会动手。

筱制作
明太子奶油蛋包饭

　　将松软的蛋皮和明太子奶油酱完美融合。加入日式高汤的蒜香米饭体现出日式和西式结合的独特风味。

蛋包饭

达也制作
鸡肉滑蛋什锦蛋包饭

　　加入大块鸡肉和超多食材的番茄酱料，让人大

快朵颐。整道菜的亮点就在于黏稠、滑嫩的蛋液。

 20分钟

中等

做法

日式蒜香米饭

1 将洋葱和蒜切碎，培根切成1厘米宽的条。

2 在平底锅中将黄油化开，炒香洋葱和蒜，洋葱稍软后放入培根翻炒。

3 加入热米饭翻炒均匀，倒入日式高汤，加盐和胡椒调味后盛出。

明太子奶油酱

1 将平底锅擦净，放入黄油化开，加面粉翻炒。

2 少量多次倒入牛奶，不停搅动，直至锅内液体变黏稠。加入解冻后的辣明太子（仅用于装饰，放入少量即可）和蘸面汁，搅拌均匀即可。

明太子奶油蛋包饭

1 鸡蛋加入牛奶后搅匀。

2 平底锅中倒入色拉油加热，倒入一半蛋液，用筷子充分搅拌至蛋液呈半熟状态后关火。

3 在半熟的蛋皮中间放上日式蒜香米饭，将一侧的蛋皮盖在米饭上，倾斜平底锅，将蛋包饭倒扣在容器中。用剩余的蛋液及米饭制作另一份蛋包饭。

装饰

在蛋包饭中间淋上明太子奶油酱，撒适量小葱末、明太子和海苔碎。

材料（2人份）

日式蒜香米饭

热米饭 ◆ 2碗

洋葱 ◆ 1/4个

蒜 ◆ 1瓣

培根 ◆ 1片

日式高汤 ◆ 1小勺

黄油 ◆ 5克

盐、胡椒 ◆ 各少许

明太子奶油酱

辣明太子 ◆ 1个

牛奶 ◆ 200毫升

黄油 ◆ 10克

面粉 ◆ 2大勺

蘸面汁（2倍浓缩）◆ 1大勺

蛋皮

鸡蛋 ◆ 4个

牛奶 ◆ 2大勺

色拉油 ◆ 适量

小葱末、海苔碎 ◆ 各适量

开始

上身前倾

继续

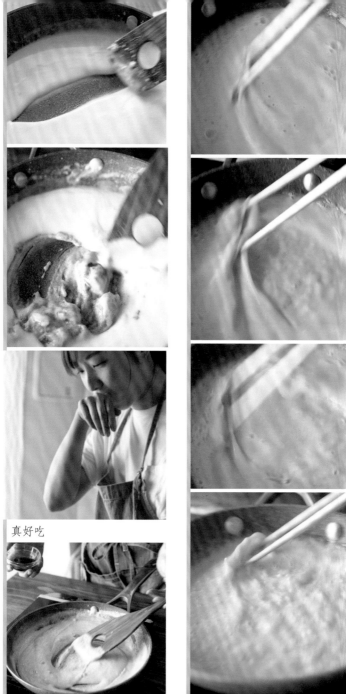

真好吃

好紧张

完美地包住米饭

完成

开始

材料（2人份）

鸡肉什锦番茄酱

鸡腿肉 ◆ 200克
洋葱 ◆ 1/2个
白玉菇 ◆ 1/4包
小番茄 ◆ 4个
菠菜 ◆ 2把
番茄罐头 ◆ 1罐
番茄酱 ◆ 1大勺
浓汤宝 ◆ 1块
橄榄油 ◆ 1大勺
盐、胡椒 ◆ 各适量

🕐 20分钟

中等

香芹末 ◆ 适量

黄油米饭

热米饭 ◆ 2碗
黄油 ◆ 10克
盐、胡椒 ◆ 各少许

滑蛋

鸡蛋 ◆ 4个
牛奶 ◆ 2大勺
黄油 ◆ 20克

做法

鸡肉什锦番茄酱

1 将鸡腿肉切成适口大小，撒入少许盐和胡椒调味。洋葱切长条，白玉菇掰开，菠菜切成两段。

2 锅中倒入橄榄油加热，将鸡腿肉两面煎熟，加入洋葱和白玉菇，快速翻炒均匀。再依次加入番茄罐头、番茄酱和浓汤宝，盖上锅盖，焖煮10分钟。

3 加入适量盐和胡椒调味后关火，最后放入小番茄和菠菜，用余温闷熟即可。

黄油米饭 * 在制作鸡肉什锦番茄酱的同时进行

在平底锅内加热黄油，倒入米饭翻炒，撒入适量盐和胡椒调味。盛放在容器一侧。

滑蛋 * 做完黄油米饭后制作

在碗中打入鸡蛋，加入牛奶、10克黄油，搅拌均匀。在平底锅内加热剩余的黄油，倒入蛋液，用筷子充分搅拌，直至蛋液呈半熟状态，再将做好的滑蛋盖在黄油米饭上。

装饰

在鸡蛋旁倒适量番茄酱，撒香芹末装饰即可。

鸡蛋松软可口

完成

177

我的独家
秘制叉烧肉

　　到了周末，总算可以彻底放松啦！当然要全神贯注地做一道拿手好菜犒劳一下自己。为大家介绍一款我独家秘制的叉烧肉一锅出。

　　"一锅出，其实就是算好在一口锅内一次性煮好的所有食材量，保证这锅食材能够全部吃完、不浪费，每次大概煮两块肉就足够了。如果马上要去露营，需要准备餐食或碰巧肉的价格便宜的话，我通常都会做这道菜。"达也说。

　　将不同的调料汁用保鲜袋分别装好，与做好的叉烧肉分开保存，这样在露营时，就可以用调料汁和叉烧肉做出各种不同的菜肴了。回想起来，我家每年都会有两三次露营活动，家人们一直都用这种小窍门保存和制作料理，而我也从记事起便跟着学了。

全神贯注、
用心制作。

"最常见的就是将叉烧肉用炭火烧烤后食用，这种方法会让肉更香，我非常推荐这种做法，我在家时也常会将肉煎到略焦香后再食用。"达也说。

"和爱人一起去露营后我才知道，原来叉烧肉可以用来做超多种类的料理。"筱说。

按个人喜欢的厚度将叉烧肉切成片，淋上煮好的调味汁，再搭配切好的卤蛋和蔬菜，一道美味的料理就做好了。或者切片后直接盖在米饭上或夹在长棍面包里，还可以在炒饭、炒面里放入一些叉烧肉，美味加倍。

"在回家乡或去朋友家做客时，也可将这款秘制叉烧肉作为特产礼物送人，绝对拿得出手。"筱说。

"如果做好的肉吃不完，也可长期保存，只需将调味汁一起冷冻起来就可以了。食用前用流水解冻，放到微波炉里加热即可。不管什么时候都能取出来食用，方便又美味。"达也说。

当然，如果不准备或不喜欢露营也没关系，周末预先做好这道菜，也方便在工作日时享用，省时省力。

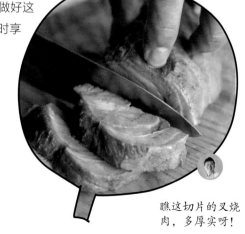

瞧这切片的叉烧肉，多厚实呀！

切好即食的叉烧肉

⏱ **90分钟** *腌制时间除外

🥘🥘🥘 **中等**

顺便在汤中加几个半熟的水煮蛋，叉烧肉腌好后，美味的卤蛋也做好了。

材料（易做的量）

猪肩肉 ◆ 300克

大葱绿 ◆ 1根的量

姜 ◆ 1片

盐、胡椒 ◆ 各少许

色拉油 ◆ 适量

A
| 味醂 ◆ 2大勺
| 酱油 ◆ 2大勺
| 蚝油 ◆ 1大勺
| 白砂糖 ◆ 1大勺
| 绍兴酒（或料酒）◆ 1/2杯
| 水 ◆ 200毫升

做法

1 用擀面杖敲击猪肩肉，敲软后撒盐和胡椒调味。

2 将猪肉一端卷起，用风筝线绑住肉块，静置15分钟左右。

3 平底锅中倒入色拉油加热，放入猪肉，将表面煎至金黄色。

4 在汤锅中放入煎好的猪肉、材料A、大葱绿和姜片，盖上锅盖，小火炖煮1小时左右。煮好后放置一晚，使猪肉更加入味。

准备

捆绑肉块的方法

POINT

将风筝线在肉块一端2厘米处系单扣固定，将线绕个圈，用手指撑开。

从上方抓住肉块的一端，将绕好的线圈从上往下套在肉块上。

用手将线用力向自己的方向拽，线圈在肉块上绑十字。重复上述动作，保持每隔2厘米绑一圈。

一直绑到肉块的另一端，留足够长的线（肉块长度的2倍）后剪断，将留出的线穿过绑好的线圈，缠十字。一直穿到最开始绑线的一端，与最末端的单扣绑在一起固定。

※如果觉得使用风筝线捆绑比较麻烦，还可以选择专门用来绑叉烧肉的工具。

敲打肉块

煎制肉块表面

用风筝线捆绑肉块

碗里盛入米饭，将切片的叉烧肉和卤蛋一起摆在米饭上，淋上稍加热收汁后的卤汁。点缀葱白丝（见P85）、斜切段的小葱和辣椒丝，最后撒一些熟白芝麻，就是一碗香喷喷的叉烧肉盖饭。

虽然制作叉烧肉需要花上些工夫，但在本菜谱中仅需煎制猪肉表面，放入调味料炖煮即可，步骤简单、易上手。

小火慢炖，静置一晚入味

完成

183

叉烧肉炒饭

🕐 10分钟

🍳🍳🍳 简单

材料（2人份）

热米饭 ◆ 2碗
鸡蛋 ◆ 1个
叉烧肉丁 ◆ 150克
大葱末 ◆ 1/4根的量
姜末 ◆ 1小撮
蒜末 ◆ 1片的量
色拉油 ◆ 1大勺
叉烧肉卤汁 ◆ 2大勺
盐、胡椒 ◆ 各少许
小葱丝 ◆ 适量
红姜丝 ◆ 适量

做法

1 将鸡蛋在碗中打散，倒入热米饭，与蛋液搅拌均匀。

2 平底锅中倒入色拉油，小火加热，倒入蒜末翻炒出香味后加入姜末和大葱末一起翻炒。

3 倒入叉烧肉丁快速翻炒，放入米饭，翻炒均匀，淋入叉烧肉卤汁，放适量盐和胡椒调味。

4 盛出后点缀小葱丝和红姜丝即可。

切成丁的叉烧肉分量十足、滋味浓郁。

材料（2 人份）

中式面条 ◆ 2份
叉烧肉片 ◆ 100克
猪肉馅 ◆ 150克
蒜末 ◆ 1瓣的量
姜末 ◆ 1撮
香油 ◆ 适量
豆瓣酱 ◆ 1小勺

A

| 鸡精 ◆ 1 小勺
| 绍兴酒 ◆ 1大勺
| 水 ◆ 50 毫升
大葱末 ◆ 1/4根的量
花椒粉（按个人喜好）◆ 适量

做法

1 将面条煮熟，用漏勺捞出后将水沥干。

2 平底锅中倒入香油加热，放入豆瓣酱炒出香味后放入材料A炖煮。

3 在另一平底锅中倒入香油加热，放蒜末和姜末翻炒出香味后放入猪肉馅继续翻炒，倒入步骤2的平底锅中，再放入煮好的面条，搅拌均匀。

4 盛出后撒大葱末，摆上叉烧肉片，按照个人喜好撒花椒粉。

肉燥干拌担担面配叉烧肉

🕐 10分钟

 中等

同时加入叉烧肉和猪肉馅，鲜香滋味加倍。

185

周五晚餐的下酒菜

买这个好吗?

　　总算风平浪静地结束了一周辛苦的工作,美好的周五夜晚来临。我们俩互相鼓励对方:"亲爱的,又是努力的一周,工作辛苦啦!"我们带着这种积极乐观的心情,制作一桌丰盛可口的晚餐,好好慰劳一下辛苦工作的自己。

　　"我们都非常喜欢喝酒,平时也会做一些下酒的小菜,但一般周五或周六的晚上才会在家喝酒。我们习惯在周六招呼朋友来家里做客,周五的话,我们俩会尽情享受美食,品尝美酒佳肴,享受二人世

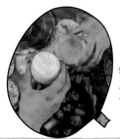

终于结束这周的工作了,辛苦啦!

休息

休息

界!"达也说。

　　不过即便是周五，也需要先完成好当天的工作，下班后才能开始准备饭菜，所以开饭时间会比较晚。所以我们会依旧秉承"简单快捷又美味"的原则，选择家中储存的常备菜或罐头等原料，快速制作出几道料理。

　　另外，我们经常会准备几道类似迷你比萨、蔬菜条、墨西哥玉米片这样的小零食，再做两三种蘸酱，菜品种类相较于周一到周四时要更多，让整张餐桌丰富起来。

　　"我们平时吃饭时会注意减糖，会减少米饭和面食的摄入，主要

这周真的好辛苦呀！

以蔬菜为主，有时甚至都不会做正式的主菜。其实周五基本也是这样，但是如果第二天早上没什么要紧事，时间充裕、心情放松，就会做点儿稍微费工夫的料理，像平时忙起来根本不会想要做的鸡翅或鱿鱼、上汤蛋卷等，而不会再用买来的煮鸡蛋随便糊弄了。我们非常乐于思考如何使用相同的食材做出更加丰盛的料理，每次都津津有味、乐此不疲。"筱说。

达也一般会选择烧酒或烧酒兑苏打水、威士忌兑啤酒来搭配这些精心准备的下酒菜，而筱则更喜欢用威士忌兑梅酒或啤酒。最近我们出于健康的需要，偶尔还会将碳酸饮料加入酒单当中，但每次必定都先要来上罐啤酒和威士忌兑酒。

"除非当天有特别想喝的酒，我们才会根据酒的种类去考虑与之搭配的菜，比如想喝红酒的话，配菜就会选用芝士和生火腿。否则，

非常入味，
真好吃！

来，给你盛点儿菜。

基本上都是根据菜肴口味来选择要喝的酒。正是因为威士忌兑酒和任何菜品都可以搭配，所以逐渐也成为我们每次的'必喝酒'。"筱说。

有菜有酒，在身心放松的夜晚，随便做上些美味佳肴，无所谓是正餐还是下酒菜。尽情品味美酒美食，坐在一起谈天说地。

"我们常常就这样边吃边喝，达也就会喝到口齿不清，喝得越来越快，有时还会跑到厨房去做些新的下酒菜或味噌汤，回来接着喝。"筱笑着说。

"平时工作繁忙，做点儿饭菜，吃上几口，再喝上两口小酒，日常蓄积的压力便会消减很多，心情也就放松了。"达也说。

享用美味的菜肴和喜爱的美酒，不用在意时间，尽情畅谈，等回过神来时发现人已经站在厨房里接着做菜了。这段尽情放纵的时光对于已经忙碌了一周的小夫妻来说，简直无比幸福。

好烫、好烫！

饺子皮沙丁鱼比萨

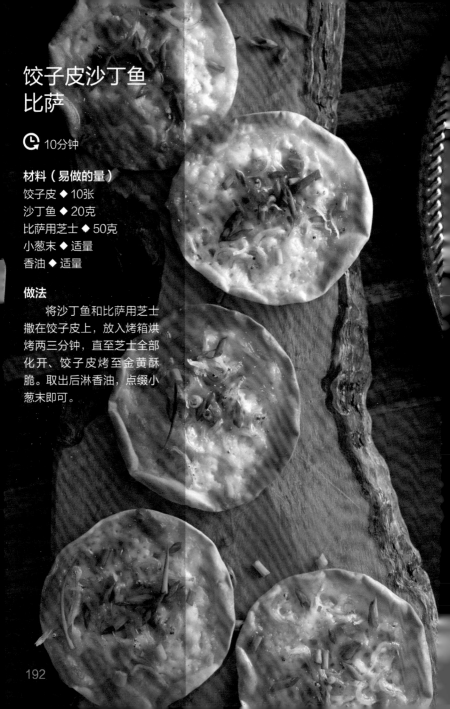

🕐 10分钟

材料（易做的量）

饺子皮 ◆ 10张
沙丁鱼 ◆ 20克
比萨用芝士 ◆ 50克
小葱末 ◆ 适量
香油 ◆ 适量

做法

　　将沙丁鱼和比萨用芝士撒在饺子皮上，放入烤箱烘烤两三分钟，直至芝士全部化开、饺子皮烤至金黄酥脆。取出后淋香油，点缀小葱末即可。

番茄牛油果沙拉拌芥末海苔

🕐 5分钟

材料（易做的量）

小番茄 ◆ 5~6个
牛油果 ◆ 1/2个
海苔碎 ◆ 适量

A

> 橙醋 ◆ 1大勺
> 芥末 ◆ 少许
> 香油 ◆ 1小勺

做法

　　将小番茄切成两半。牛油果去皮，将果肉切小块。碗中放入材料A搅拌均匀，再放入小番茄和牛油果。盛出后撒海苔碎。

芥末让整体味道略带辛辣，是点睛之笔。

也可以将西蓝花泡水，然后放入耐热容器中，盖一层微波炉专用保鲜膜，再放入微波炉，600瓦加热一两分钟。

葱香鱿鱼西蓝花

材料（2人份）
鱿鱼 ◆ 1条
西蓝花 ◆ 1/2棵
香油 ◆ 适量
熟白芝麻 ◆ 1小勺
A
　姜末 ◆ 1大勺
　大葱末 ◆ 1大勺
　小葱末 ◆ 1大勺
　橙醋 ◆ 1大勺
　白砂糖 ◆ 1小勺

🕐 10分钟

做法

1 将西蓝花分成小朵，在沸水中加少许盐（材料外），将西蓝花焯水。鱿鱼清理干净，切成1厘米宽的圈。将材料A搅拌均匀。

2 平底锅中倒入香油加热，翻炒鱿鱼圈。加入西蓝花、材料A迅速翻炒均匀。

3 盛出后撒熟白芝麻点缀。

黑胡椒烤鸡翅

材料（2人份）
鸡翅尖 ◆ 6~8根
黑胡椒碎 ◆ 适量
柠檬 ◆ 适量

A

| 料酒 ◆ 1/2 大勺
| 酱油 ◆ 1/2 小勺
| 盐 ◆ 1/2 小勺
| 香油 ◆ 1 大勺

🕒 10分钟

做法

1 沿骨头在鸡翅尖上切花刀，与材料 A 一起放入塑料袋中，揉搓入味，封口后腌制 5 分钟左右。

2 将腌制好的鸡翅尖放在烤架上，撒黑胡椒碎，上火烤制。不时翻动直至鸡翅尖两面烤至金黄。盛盘后搭配柠檬。

香脆玉米片和蔬菜配 3 种酱料

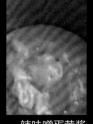

材料（易做的量）
味噌 ◆ 1大勺
蛋黄酱 ◆ 2大勺
辣椒粉 ◆ 少许

辣味噌蛋黄酱

做法

　　在容器种将味噌、蛋黄酱和辣椒粉混合，辣椒粉的量按个人喜好添加。

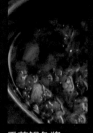

香蒜鳀鱼酱

🕐 10分钟

材料（易做的量）
蒜 ◆ 3瓣
鳀鱼 ◆ 3块
牛奶 ◆ 适量
橄榄油 ◆ 3大勺
盐、胡椒 ◆ 各少许

做法

1 将蒜捣碎，放入耐热容器中，倒入牛奶没过蒜碎。盖上微波炉专用保鲜膜，用微波炉600瓦加热20秒直至大蒜软化，要注意防止牛奶溢出。

2 滤掉牛奶，用叉子将蒜压成泥。

3 将切碎的鳀鱼和橄榄油添加至蒜泥中，盖上微波炉专用保鲜膜，用微波炉600瓦加热1分钟，用盐和胡椒调味。

牛油果酱

🕐 7分钟

材料（易做的量）
牛油果 ◆ 1个
紫洋葱 ◆ 1/4个
蒜泥 ◆ 少许
柠檬汁 ◆ 适量
盐、胡椒 ◆ 各少许

做法

1 将紫洋葱切末，放入水中浸泡。牛油果纵向切成两半，去核、去皮。

2 将牛油果用勺子在碗里捣碎，加入蒜泥、柠檬汁和洋葱末，用纸巾沥干水分，拌匀后加盐和胡椒调味。

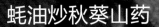

蚝油炒秋葵山药

🕐 10分钟

材料（2人份）

山药 ◆ 200克

秋葵 ◆ 5根

色拉油 ◆ 适量

A

| 蚝油 ◆ 1/2 大勺

| 料酒 ◆ 1 小勺

| 酱油 ◆ 少许

做法

1 将山药切滚刀块，秋葵
斜切成条。

2 平底锅里放入色拉油加
热，将山药炒上色后加入
秋葵翻炒。秋葵变软后加
入材料 A 快速翻炒。

简单炒一下就完成的快手
下酒菜，山药口感突出。

🕐 10分钟

材料（易做的量）

香菇 ◆ 1包
火腿 ◆ 2片
蒜 ◆ 1瓣
香芹 ◆ 少许
大葱 ◆ 1/3根
小番茄 ◆ 5个
橄榄油 ◆ 适量
面包糠 ◆ 适量
芝士粉 ◆ 适量

做法

1 香菇去蒂，大葱切成
3厘米长的段。

2 火腿、蒜、香芹切碎后
混合，塞入香菇伞内。

3 将香菇放入煎锅中，空
隙处放入葱段和小番茄。
将橄榄油倒至锅高度的一
半，小火加热。香菇变软
后出锅。根据个人喜好撒
面包糠和芝士粉。

蒜蓉火腿酿香菇

生拌金枪鱼泥

材料（易做的量）
金枪鱼（生鱼片）◆ 150克
紫苏叶（装饰用）◆ 1片

调味料
紫苏叶丝 ◆ 3片的量
蘘荷末 ◆ 1个的量
小葱末 ◆ 1根的量
姜泥 ◆ 1指尖

A
味噌 ◆ 1大勺
酱油 ◆ 1/2 小勺

🕐 5分钟

做法
　　将金枪鱼剁碎，与调味料和材料A放入碗中搅拌均匀。用紫苏叶放在碗边装饰即可。

还可以在蛋液中加入小葱末，食用时搭配萝卜泥风味更佳。

白酱油鸡蛋卷

🕐 10分钟

材料（易做的量）

鸡蛋 ◆ 3个
白酱油 ◆ 2小勺
白砂糖 ◆ 2撮
水 ◆ 3大勺
色拉油 ◆ 适量

做法

1 将鸡蛋在碗中打散，加入白酱油、白砂糖和水后搅匀。

2 平底锅中倒入色拉油加热，倒入1/3的蛋液，凝固后将蛋皮卷起。加少许油，将剩下的蛋液再分两次做成蛋卷。

3 切分后装盘即可。

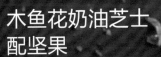

木鱼花奶油芝士配坚果

🕐 5分钟

材料（易做的量）

奶油芝士 ◆ 适量
木鱼花 ◆ 适量
杏仁 ◆ 适量
酱油 ◆ 少许

做法

将奶油芝士切块。将杏仁放入塑料袋中，用擀面杖敲碎。碗中放入奶油芝士、杏仁碎、木鱼花和酱油，拌匀即可。

厨具推荐

达也

  大概10年前，我买了一个椭圆形的珐琅铸铁锅，当时我还在老家，我很喜欢用它。它能均匀地加热食材，有良好的亲油性，不会烧焦也不串味，具有优异的保温性和稳定性。而且它足够结实，一口锅可以兼具煮、煎、烤、蒸、炸的功能，我也给筱买过一个当礼物。叉烧肉我则会用双耳圆形锅来煮。

左下起顺时针方向：
椭圆形珐琅铸铁锅（直径15厘米）、双耳圆形锅（直径22厘米）、日式系列Wa-NABE窄边锅（直径20厘米、中号）

筱

　　这套"日本工业设计之父"柳宗理设计的厨房用具是我从前公司辞职时同事送的礼物。搅拌碗使用方便，和过滤网一起用时，手感也很轻盈舒适。带孔的夹子很适合烘焙和装盘，勺子的设计也很方便，我和左撇子的老公都可以用。总之我很喜欢这种人性化的设计，尤其是划痕看上去不明显的磨砂表面。

日本艺术工业设计师柳宗理设计。过滤网、夹子和长柄勺均为不锈钢材质。

调味料推荐

味醂 + 料酒
兼具味醂和料酒风味的发酵调
料，用于增加菜肴的风味，也
可用来做酱油糖汁。
味之母/味之一酿造

醋
日本京都产的米醋，可用于
拌凉菜或沙拉。
左：富士醋，premium/饭尾
酿造
右：京都醋，加茂千鸟/村山
造醋

绍兴酒
加入中式料理中，能吃到正宗
的味道。
绍兴酒（5年发酵）/东方新世
代、横滨中华街

蘸面汁
和白酱油一样，是一种浓口
调料。
左：2倍浓缩蘸面汁/yamaki
右：料理白酱油

达也

　　虽然香油和辣味调料使用方法不同，但两种我都很喜欢用。每当我发现新的调料，就会忍不住买下来，而这些"藏品"未来也会越来越多。在尝试了单味辣椒粉、八味辣椒粉、日本花椒芥末混合粉后，我现在对柚香七味辣椒粉情有独钟。筱有时候也会在烤鸡肉串、味噌汤、沙拉等料理中撒一些。

我的调料台

　　左起：单味辣椒粉/八幡屋礒五郎、七味辣椒粉、黑七味粉/祇园原了郭、七香炒菜油/八幡屋礒五郎、柚香七味辣椒粉、朝天花椒酱/TOMIZ（富泽商店）、日本花椒七味辣椒粉/飞弹山椒、芥末八味辣椒粉/穗高观光食品、樱虾辣椒粉/由比樱虾直售 原藤商店

后记
让生活愉快且美味

我们一直都是想吃什么就做什么，成品总是比预期的还要好，所以想让更多人也来尝尝，最后我俩决定开始在网络上投稿。可喜的是，我们每天发布的食谱，表示"想吃""想让那个人也尝尝"的评论越来越多，收藏量也逐渐增多。

因为要出版这本书，我们平时回家后或周末都会整理和开发食谱。在不间断的拍摄期间里，首次制作的约20种菜品花费了我们大量的时间和精力。感谢那些帮助我们制作的朋友和工作人员，使这件事能够顺利完成。

正是因为比平时更加忙碌，我们也再次确认，制作美食是为生活添彩的方式并无比重要。我们不会说"我们该去哪儿吃饭"？而是不论多忙，都会讨论"今天要做些什么吃"？做快手菜需要5～10分钟的时间，如果不能两个人一起做，那就保证即使一个人也要在家做饭。

"因为我喜欢在'标准食谱'中加入各种创意，所以经常使用买来的食品和罐头来做饭。比如用速冻虾仁为蛋包饭增香、增色，或用微波炉加热蔬菜后做成小菜，放在速冻烤饭团上做成拌饭。通过简单的创意，就能让餐桌看起来更加丰富，也会使人变得更加愉悦和积极。"筱说。

"在绿叶菜上放些刨好的木鱼花会显得别有风味。茶色的主菜上可以加入五颜六色的蔬菜，并根据自己的身体状况和心情来调整口味和数量。只有在家时，我们才能用自己的方式自由地表达心情，只要能让身心更健康，我们就别无所求了。"达也说。

我们每天都在愉悦地思考"今天吃什么"，尽情地享受烹饪和美食。如果能听到面前的人高兴地说一句"多谢款待"，那真是无比幸福。

现在可以通过网络与许多人分享我们的食谱，这让烹饪变得更加有趣。即使在不经意的日常或忙碌的日子里和爱人一起用餐，两个人都绽放出满足的笑容就够了。希望能通过这本书把这种心情传达给大家。

图书在版编目（CIP）数据

约会吧！一起下厨房 /（日）达也，（日）筱著；凌文桦译. —北京：中国轻工业出版社，2021.5

ISBN 978-7-5184-3430-5

Ⅰ.①约… Ⅱ.①达… ②筱… ③凌… Ⅲ.①食谱 – 日本 Ⅳ.①TS972.183.13

中国版本图书馆 CIP 数据核字（2021）第 044511 号

责任编辑：胡　佳　　责任终审：高惠京　　整体设计：锋尚设计
责任校对：晋　洁　　责任监印：张京华

出版发行：中国轻工业出版社（北京东长安街6号，邮编：100740）

印　　刷：北京博海升彩色印刷有限公司

经　　销：各地新华书店

版　　次：2021年5月第1版第1次印刷

开　　本：787×1092　1/32　印张：6.5

字　　数：200千字

书　　号：ISBN 978-7-5184-3430-5　定价：49.80元

邮购电话：010-65241695

发行电话：010-85119835　传真：85113293

网　　址：http://www.chlip.com.cn

Email：club@chlip.com.cn

如发现图书残缺请与我社邮购联系调换

200245S1X101ZYW